DeepSeek+
树莓派+Arduino
智能产品、机器人
部署与模型训练全攻略

孙志华◎编著

化学工业出版社
·北京·

内 容 简 介

本书聚焦 DeepSeek 全栈 AI 框架与主流开源硬件的深度融合，系统地讲解从理论入门到本地实战部署的完整闭环。全书共四大篇章，覆盖树莓派、Arduino、Jetson Nano、ESP32 等平台，通过 40 余个完整代码实例和 10 余个实战项目，为 AI 开发者、系统集成商及技术爱好者提供一站式智能硬件部署指南。

从硬件选型、环境配置到模型压缩与实时推理，本书详解 TensorFlow Lite、ONNX Runtime 的部署方法，解决“模型跑不动、部署看不懂”的技术痛点。本书结合 MQTT、WebSocket 等协议，实现多节点协同闭环，帮助读者掌握从数据采集、决策到控制的全链路实操能力。读者可直接复制或二次开发。全书语言通俗、结构清晰，既适合入门新手，也为追求项目落地的工程师提供了可靠路径，真正实现“看得懂、用得上、跑得通”。无论是 AI 初学者、工程师还是技术爱好者，都能通过本书获得低成本、高隐私性、强适应性的一站式边缘 AI 部署能力，快速迈入实战应用的新阶段。

本书适合想学习 DeepSeek 全栈 AI 框架与开源硬件融合及边缘 AI 部署的学习者，也适合作为 AI 开发者、系统集成商开展智能硬件项目落地的实操指南，还适合作为人工智能、物联网工程等专业的教材。

图书在版编目（CIP）数据

DeepSeek+树莓派+Arduino智能产品、机器人部署与模型训练全攻略 / 孙志华编著. -- 北京 : 化学工业出版社, 2026. 1. -- ISBN 978-7-122-49419-1

Ⅰ. TP18

中国国家版本馆CIP数据核字第2025JR8724号

责任编辑：杨　倩　　　　封面设计：异一设计
责任校对：田睿涵　　　　装帧设计：盟诺文化

出版发行：化学工业出版社（北京市东城区青年湖南街13号　邮政编码100011）
印　　装：北京云浩印刷有限责任公司
710mm × 1000mm　1/16　印张14　字数274千字　2026年1月北京第1版第1次印刷

购书咨询：010-64518888　　　　售后服务：010-64518899
网　　址：http://www.cip.com.cn
凡购买本书，如有缺损质量问题，本社销售中心负责调换。

定　　价：79.00元

前　言

技术的每一次突破，往往诞生在变革与需求的交汇点。七年前，我第一次在实验室里将树莓派与摄像头连接，只为实现一个简单的手势控制灯光功能。当时的我还认为“人工智能”是一种遥不可及的幻想，它属于云端、大厂、高算力，而不属于我桌前这块巴掌大的硬件。

但现实却很快让我意识到：云端AI虽强，却也有痛点——网络波动、延迟、数据隐私泄露、高昂的服务费用等，这一切都让我开始思考：是否可以让AI模型在本地运行？是否可以让资源受限的设备像人一样思考？

于是，我开始钻研轻量化模型、边缘推理框架、硬件协同优化，试图搭建出不依赖云端的智能系统。直到DeepSeek的开源框架问世，我才第一次看到一个将模型裁剪、统一API、本地推理等能力“打包整合”的完整生态。这不仅是技术的革新，更是我多年实验拼图的系统化答案。

本书的写作正是基于这样一个深刻的洞察：边缘部署不再是遥远的未来，而是当下。

为什么现在必须掌握“边缘AI部署能力”？

数据隐私成为硬性红线

在个人信息保护法规日益完善的今天，企业和用户对“数据不出门”的诉求越来越强烈。本地部署能够实现无须上传数据的实时智能处理，既合规又让人安心。

响应速度决定体验的优劣

在智能家居、工业自动化、智能安防等场景中，毫秒级响应是刚需。相比于在云端来回通信，本地推理能够将延迟降到最低，让“智能”真正做到即时可用。

成本压力促使架构下沉

云服务虽灵活，但大模型调用费高昂；而树莓派、ESP32等边缘硬件如今价格低廉、性能可观，部署在本地，一次开发，即可长期使用，成为中小团队降本增效的重要方式。

AI民主化正在加速到来

从DeepSeek、ONNX到HuggingFace，开源生态不断推动AI开发门槛下降。而边缘部署正是让开发者从“训练”走向“应用”的关键一步。

也许有人会问，掌握边缘AI部署能力，能够真正改变什么？或许，以下这些真实的应用场景能给出有力的回答。

智能监控：园区的摄像头无须将数据上传云端，就能在本地识别是否有人越界，大大减少带宽消耗并降低误报率。

智慧农业：土壤传感器联动本地 AI 模型，判断是否需要灌溉，实现自动浇水，节水省力。

工厂设备维护：边缘设备能实时监测电机振动，一旦发现异常，立刻提醒，避免设备损坏导致停工。

语音家居控制：本地语音助手可执行“开灯”“关空调”等命令，离线运行，保护隐私。

家庭康复辅助：设备能判断老人做的康复动作是否标准，不用上传视频，保护个人隐私，同时确保训练有效。

如今，无须依赖云端，也能实现实时、智能、低成本的运行。我们不再满足于“设备联网”，而是迈向“设备智能”，让每一块芯片都拥有理解世界的能力。

从实验室研究，到企业落地，再到创业实战。我深知，模型再先进，没有部署落地，也只能停留在PPT上。正因如此，本书每一章都坚持“理论+实操+项目”的路径，每一段代码都能跑通实机验证，每一张图都源于真实的调试现场，力求把“复杂的技术”变成“可复制的经验”。我希望这不仅是一本讲技术的书，更是一位项目开发路上的伙伴。在你遇到模型跑不动、接口不兼容、通信中断这些典型的“坑”时，都能在本书中找到解决方案。

边缘智能并不是削弱AI的能力，而是让AI更贴近场景、更贴近用户。它意味着设备具备“感知—理解—决策—控制”的完整闭环，不依赖网络，不惧怕连接断开。未来的机器人、家电、摄像头，甚至是一个普通的插座，都将具备“边缘智能”。

我希望本书能帮助大家掌握从0到1的全部关键路径，从模型迁移到硬件部署，从语音交互到多模态融合，真正参与到“AI本地化”的实践中。希望大家在阅读本书的过程中，能够时刻将代码与现实联系起来，把一个个技术点转化为具体的解决方案，为生活、为产业、为社会创造真实的价值。

技术的价值，不在于炫技，而在于落地。愿你翻开这本书，就能少走弯路，多一些创造力，也许下一个惊艳世界的AI项目就出自你之手。

孙志华

2025 年 12 月，沈阳

深耕 AI 边缘计算十年，期待与你在本地部署的舞台上相逢

目 录

第1章

基础入门篇

DeepSeek 智能产品与智能机器人本地部署开启了人工智能（Artificial intelligence，AI）技术应用新篇章。这些产品融合了开源硬件的灵活性、可扩展性与 AI 智能化的特点，使用户能在本地轻松实现智能化升级。在部署本地应用时，用户可享受从硬件搭建到软件配置的一站式服务。DeepSeek 智能产品有详尽的部署指南，涵盖硬件连接、系统安装、软件配置等关键环节，确保用户顺利完成部署。智能机器人本地部署方案应考虑用户的实际需求，提供多种模式和灵活的配置选项，以满足不同场景的应用需求。本地部署让用户在享受 AI 带来的便利的同时，在数据安全和隐私保护方面也有更高的保障，让 AI 更贴近生活与工作。

1.1 开源硬件与AI的碰撞

在数字化转型中，开源硬件与人工智能技术碰撞出了创新的火花。二者的结合使智能设备开发更简单，并且变革了边缘计算领域，让AI算法能在资源有限的小设备上快速运行。

（1）开源硬件的兴起与发展

开源硬件是指设计文件公开，允许任何人学习、修改、分发和制造的电子硬件。与传统的封闭硬件不同，开源硬件遵循透明、协作和共享的理念，极大地促进了创新生态的繁荣。自2005年Arduino（一个开源电子原型平台）诞生以来，开源硬件逐渐从小众爱好发展为影响全球的技术潮流。

当前主流的开源硬件平台如下。

树莓派（Raspberry Pi）：搭载基于高级精简指令集机器（Advanced RISC Machine，ARM）架构处理器的单板计算机。运行完整的Linux操作系统，具备强大的计算能力和丰富的接口资源。树莓派4B配备1.5吉赫兹四核处理器和高达8吉字节的RAM，足以支持中等复杂度的AI模型运行。

Arduino：基于简单微控制器的开发板，专注于实时控制和数据采集，编程简单直观，适合快速原型开发和教育应用。

Jetson Nano：英伟达推出的一款低成本、高性能的人工智能开发板，集成128核Maxwell GPU，专为边缘AI应用设计，能够高效执行深度学习推理任务。

ESP32/ESP8266：乐鑫科技开发的低功耗Wi-Fi/蓝牙SoC，价格低廉，功耗极低，适合物联网和便携式AI应用。

这些平台凭借其开放性、可扩展性和活跃的社区支持，已成为AI技术落地的重要载体。

（2）AI技术赋能硬件的新范式

人工智能技术与开源硬件的结合，正在重塑智能设备的开发模式。

边缘计算的兴起：传统AI应用多依赖云端服务器进行计算，而边缘计算将数据处理和分析能力下沉至终端设备，减少网络延迟，提高实时性，同时保护数据隐私。例如，智能门铃可在本地完成人脸识别，无须将视频数据上传到云端，响应时间从秒级降至毫秒级。

模型轻量化技术：为适应资源受限的硬件环境，AI模型轻量化成为关键技术方向。TensorFlow Lite（Google推出的一个轻量级机器学习框架）、ONNX Runtime（由微软主导开发的一个跨平台机器学习引擎）等框架专为边缘设备进行了优化，通过量化、剪枝和知识蒸馏等技术，显著减小模型体积并加快推理速度。例如，MobileNetV2（Google提出的一种轻量级卷积神经网络架构）经过int8（表示一种整数类型，指8位有符号整数）量化后，模型可减小75%，在树莓派4上推理速度提升2.5倍，同时保持接近原始精度的识别效果。

硬件感知与AI决策的闭环：开源硬件擅长数据采集和执行控制，结合AI的决策能力，形成“感知—分析—执行”的完整闭环。这种结合使得智能系统能够自主感知环境、理解情境并作出响应，无须持续的人工干预。

（3）技术特点与优势分析

开源硬件与AI结合的技术方案具有以下显著特点。

高性价比：相比于专用AI芯片，开源硬件平台成本更低，适合小批量生产和个人开发。

灵活可定制：开源设计允许开发者根据具体需求调整硬件配置和软件实现，避免商业产品的功能冗余或不足。例如，可以根据应用场景选择合适的传感器类型和数量，或者针对特定任务优化AI模型结构。

低延迟本地处理：在边缘计算模式下，可以在本地处理数据，无须依赖网络连接，大幅降低延迟。在工业检测场景中，基于树莓派的缺陷，检测系统响应时间可低至100毫秒，满足生产线实时监控需求。

数据隐私保护：敏感数据无须上传云端，降低隐私泄露风险，符合日益严格的数据保护法规。这对医疗、安防等领域的应用尤为重要。

（4）典型应用场景与案例分析

开源硬件与AI的结合已在多个领域展现出强大的潜力。

智能家居：树莓派搭载DeepSpeech语音识别模型，结合Arduino控制的继电器模块，实现离线语音控制家电。该方案无须联网，响应速度快，且不存在隐私数据泄露风险。

智能农业：在农业监测系统中，Arduino采集土壤湿度、光照等环境数据，树莓派运行决策模型分析作物生长状况，并控制灌溉设备。实验表明，该系统可减少30%的用水量，同时提高作物产量15%。

（5）技术挑战与发展趋势

尽管开源硬件与AI结合前景广阔，但仍面临挑战。

计算资源受限：开源硬件平台计算能力有限，难以支持大型AI模型，未来需要使用高效的模型压缩技术和专用加速硬件。

功耗管理：边缘AI应用常由电池供电，在有限的能耗下实现高效的推理是关键，低功耗设计和能量收集技术将成为重要的研究方向。

开发复杂性高：跨硬件和AI领域开发需要多学科知识，提高了入门门槛，简化开发流程、提供友好工具链是行业趋势。

安全与可靠性问题：边缘设备面临物理安全和网络攻击风险，保障系统安全稳定是实际部署的重要考量。

开源硬件与AI技术的碰撞正在催生新一代智能设备和应用场景。这种结合不仅降低了技术门槛，也为创新提供了无限可能。随着技术的不断进步，边缘智能将成为AI发展的重要方向，而开源硬件则是这一变革的核心推动力。通过深入学习两者的结合机制和应用模式，开发者可以充分发挥各自的优势，创造出更智能、更高效、更贴近用户需求的创新产品。

1.2 DeepSeek基础概述与架构解析

DeepSeek作为一套面向边缘计算的AI开发框架，正逐渐成为连接开源硬件与人工智能的重要桥梁。其独特的架构设计和优化策略，使复杂的AI模型能够在资源受限的硬件平台上高效运行，为智能设备开发提供了全新的技术路径。

DeepSeek是专为边缘计算场景设计的AI开发与部署框架，旨在解决传统AI模型在资源受限设备上运行的瓶颈问题。该框架采用模块化设计，支持多种硬件平台，涵盖从数据采集、模型推理到硬件控制的完整技术栈。

DeepSeek专注于边缘AI技术，通过轻量化设计优化代码结构，最小化内存占用和计算开销，支持树莓派、Arduino、ESP32等主流开源硬件平台。系统内置模型量化、剪枝等优化技术以提升推理效率，统一应用程序编程接口（Application Programming Interface，API）简化集成流程，数据本地处理保障隐私安全并降低对网络的依赖。产品涵盖智能机器人控制系统、边缘AI计算模块和传感器融合解决方案，广泛应用于智能家居、农业监测等领域。

DeepSeek采用三层架构设计实现端到端的AI处理流程。数据层支持摄像头、麦克风阵列及各类传感器输入，内置图像归一化、音频降噪、信号滤波等预处理功能，通过标准格式转换和高效缓存策略平衡实时性与资源占用。推理层集成TensorFlow Lite、ONNX Runtime、PyTorch Mobile（由Facebook开发的PyTorch生态系统中专门用于在移动设备和嵌入式设备上部署机器学习模型的轻量级框架）等主流引擎，支持int8/FP16（16位浮点数的缩写）量化技术，配合动态加载机制和硬件加速实现高效推理，实测显示模型内存占用减少60%，速度提升两倍。控制层通过GPIO、I2C、SPI、UART等协议与硬件交互，支持舵机、电机等执行器的精确控制，建立传感器反馈闭环系统，内置多级安全检查和实时状态监控功能，确保系统稳定、可靠运行。

在智能家居场景中，控制层可将语音识别结果转换为对智能设备的控制指令；在机器人应用中，则可将视觉定位信息转换为精确的运动控制，实现物体追踪或避障功能。

DeepSeek框架具备卓越的跨平台部署能力，支持树莓派作为主计算节点运行完整框架，可实现每秒15帧的实时目标检测；Arduino作为扩展节点负责数据采集和执行控制；ESP32/ESP8266提供无线IoT功能。分布式架构实现树莓派视觉处理、Arduino精确控制、ESP32无线通信的协同工作。

相比于云端AI服务，DeepSeek本地部署优势显著（见表1-1）：敏感数据完全本地处理，保护隐私安全；系统响应降至毫秒级，本地人脸识别仅需200毫秒，远快于云端的1～2秒；离线可靠性确保网络中断时仍能正常工作；无须云服务费用，长期节省成本；该系统支持根据具体场景定制优化模型，以提高识别的准确率和处理效率。这种本地化AI解决方案特别适合家庭监控、工业控制、安防监控等对隐私、延迟和可靠性要求较高的应用场景。

表1-1　AI框架的对比

特　性	DeepSeek	TensorFlow Lite	PyTorch Mobile
硬件兼容性	树莓派、Arduino、ESP32	主要支持 ARM 设备	主要支持手机平台
完整性	全栈解决方案	仅推理引擎	仅推理引擎
开源程度	完全开源	部分开源	开源
硬件控制	原生支持	需额外集成	需额外集成
学习曲线	中等	较陡	较陡
社区活跃度	非常活跃	非常活跃	活跃

DeepSeek框架的发展路线图聚焦于五个关键方向。模型自适应优化技术将根据设备性能自动调整模型复杂度，实现算力与精度的平衡。联合学习支持在保护数据隐私的前提下，实现多设备协同训练和模型更新。多模态融合增强将加强视觉、语音和传感器数据的融合分析能力，提升系统对环境的理解深度。在开发工具完善方面将提供更友好的可视化开发环境，降低开发门槛，加速应用落地。生态系统的扩展将通过丰富预训练模型库和插件市场，促进社区贡献和知识共享，推动整个边缘AI生态的繁荣发展。

DeepSeek作为连接开源硬件与AI技术的重要框架，通过其独特的分层架构和优化策略，有效地解决了边缘设备上AI部署的关键挑战。其模块化设计和跨平台兼容性，为开发者提供了灵活高效的开发工具，加速了智能应用从概念到落地的转化过程。随着边缘计算和AI技术的持续演进，DeepSeek将在智能硬件开发领域发挥越来越重要的作用，推动更多创新应用的诞生。

1.3 树莓派的选择

树莓派（Raspberry Pi）作为很受欢迎的开源硬件平台之一（见图1-1），凭借其强大的计算能力和丰富的接口资源，成为开发AI应用的理想选择。

图 1-1 树莓派

在开始搭建环境前，了解不同型号树莓派的硬件规格对于项目规划至关重要（见表1-2）。

表1-2 不同型号树莓派的硬件规格使用场景

型　号	处理器	内存选项	适用场景
树莓派 4B	1.5 吉赫兹四核 CortexA72	2 吉字节 / 4 吉字节 / 8 吉字节	复杂视觉、语音处理、深度学习推理
树莓派 3B+	1.4 吉赫兹四核 CortexA53	1 吉字节	中等复杂度的目标检测、语音指令识别
树莓派 Zero 2 W	1 吉赫兹四核 CortexA53	512 兆字节	空间受限的嵌入式项目，轻量级分类器
Compute Module 4	与 4B 相同的处理器，采用 SODIMM 接口	2 吉字节 / 4 吉字节 / 8 吉字节	工业级批量生产，定制硬件集成

对于DeepSeek框架的部署，推荐使用树莓派4B，以获得最佳的模型推理性能。如果项目对功耗和体积有严格要求，可考虑使用树莓派3B+或Zero 2W，但需要相应地调整模型复杂度。

树莓派开发环境的搭建是AI应用开发的重要基础。通过合理的系统配置、依赖项安装和性能优化，可以充分发挥树莓派的硬件潜力，支持各类AI应用的高效运行。随着树莓派硬件性能的不断提升和软件生态的持续完善，其作为边缘AI计算平台的价值将愈发凸显，为开发者提供更广阔的创新空间。

1.4 Arduino 基础知识与入门实践

Arduino使用基于C++的简化版本编程语言，常称为Arduino语言或Arduino C++。它保留了C++的大部分特性，针对微控制器编程需求进行优化并简化。其设计旨在降低编程门槛，让新手快速上手创建互动电子项目。此外，它有一系列预定义函数和库，简化了与硬件的交互过程。标准库涵盖传感器、显示器、通信协议等常见外设的驱动，极大地方便了开发者（见图1-2）。此外，Arduino开发环境，即集成开发环境（Integrated Development Environment，IDE）提供了一个直观的编程界面和丰富的示例代码，帮助初学者迅速了解和应用Arduino语言。自动化编译和上传功能让代码从编写到在硬件上运行更顺畅。总之，Arduino语言通过简化编程语法，提供丰富的库函数，使电子项目开发更加高效、便捷，鼓励更多人参与硬件编程。

图 1-2　Arduino 板

1.4.1　Arduino程序的基本结构

Arduino程序具有独特而简洁的架构。这种设计理念源于让编程变得更加直观和易于理解的初衷。每个Arduino程序都围绕两个核心函数构建，这两个函数构成了程序运行的基本框架。这种双函数结构不仅简化了编程过程，还为初学者提供了清晰的程序组织方式。

每个Arduino程序，也称为“sketch”，都遵循一个基本结构（见图1-3），主要包含两个必要的函数：setup( )函数和loop( )函数。

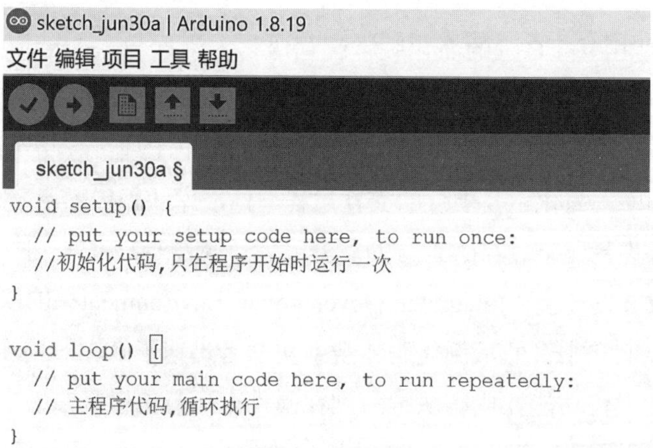

图 1-3　基本结构

（1）setup( )函数

setup( )函数作为程序的起点，在微控制器启动或复位后仅执行一次。这个特性使其成为进行初始化工作的理想场所。当Arduino板通电或按下复位按钮时，setup( )函数会立即运行，为整个程序的后续执行做好准备。这种一次性执行的特点确保了初始化过程不会重复进行，避免了不必要的资源消耗。

在setup( )函数中，初始化变量是一项基础而关键的工作。全局变量的正确初始化直接影响程序的稳定性和可预测性。数值型变量通常需要设置为零或特定的初始值，指针变量应当初始化为Null以避免野指针问题，布尔型变量则根据实际需求设置为True或False。这种严谨的初始化过程不仅提高了代码的可读性，也大大增强了程序的健壮性。在嵌入式系统的开发中，未初始化的变量可能包含随机值，导致程序行为不可预测，因此变量初始化是保证程序正确运行的第一道防线。

引脚模式的配置是Arduino与外部硬件交互的基础。pinMode( )函数允许开发者将数字引脚设置为输入或输出模式。输入模式使引脚能够读取外部信号，如传感器数据、按钮状态等；输出模式则让引脚能够控制外部设备，如LED灯、继电器、电机等。正确的引脚配置确保了硬件和软件之间的正确通信。在实际应用中，错误的引脚模式设置可能导致硬件损坏或功能异常，因此在setup( )函数中仔细配置每个使用的引脚至关重要。

setup( )函数的合理使用可以确保程序在进入主循环前完成所有必要的初始化，从而保证程序的正确运行和稳定性。尽管setup( )函数只执行一次，但它对整个程序的运行至关重要。

（2）loop( )函数

loop( )函数是Arduino程序的核心，它在setup( )函数执行完毕后会不断重复运行，直到设备断电或重置。这个函数承载了程序的主要功能和逻辑。

持续监控是嵌入式系统的基本功能之一。在loop( )函数中，程序不断检查各种传感器的状态、读取按钮输入、监测系统参数等。例如，在智能家居系统中，程序需要持续监控温度传感器、湿度传感器、烟雾探测器等设备的状态。通过不断轮询这些设备，系统能够获取最新的环境数据，为后续的处理和决策提供依据。这种持续监控机制确保系统能够及时发现异常情况并做出响应。

时序操作在loop( )函数中扮演着重要角色。delay( )函数提供了简单的延时功能，但会阻塞程序执行。相比之下，millis( )函数通过记录时间戳的方式实现非阻塞式延时允许程序在等待期间继续执行其他任务。这种非阻塞的时序控制方式特别适合需要同时处理多个任务的场景。例如，在同时控制多个LED闪烁频率不同的应用中，使用millis( )函数可以实现独立控制各个LED，互不干扰。

编写高效的loop( )函数需要注意几个关键点。首先，避免在loop( )函数中使用长时间的阻塞操作，这会降低系统的响应速度。其次，合理安排各项任务的执行顺序和频率，确保能够及时执行重要的任务。最后，使用适当的编程技巧，如事件驱动编程、中断处理等，提高程序的效率和响应性。

Arduino程序的双函数结构体现了其简洁而强大的设计理念。setup( )函数负责一次性地初始化工作，为程序运行创造良好的初始条件；loop( )函数则承担持续运行的主要任务，实现系统的核心功能。这种结构不仅降低了编程门槛，也为复杂功能的实现提供了灵活的框架。掌握这种基本结构是深入学习Arduino编程和嵌入式系统开发的重要基础。通过合理利用这两个函数的特点，开发者可以创建出功能丰富、性能优良的嵌入式应用。

1.4.2　数据类型

Arduino编程中的数据类型选择直接影响程序的内存使用效率和运行性能。在Arduino编程中，整数类型包括int、long、short和byte。每种类型都有其特定的应用场景和优势。int类型占用2字节，long类型占用4字节，范围更大；short与int相同；byte是无符号8位整数，取值范围是0到255。选择合适的整数类型可优化内存使用，提高编程效率。

（1）int（整型）

int类型是Arduino开发中使用频率最高的整数类型，占用2字节内存空间，数值范围为-32768到32767。这个范围能够满足大多数常规应用需求，如循环计数、传感器数据读取和简单的数学运算。

如图1-4所示为Arduino IDE中创建新项目选择的命令。通过选择“文件”菜单或使用快捷键，可以快速创建一个新的Arduino草图文件。在新建项目时，IDE会自动生成包含setup( )和loop( )两个基本函数的模板代码。

如图1-5所示为保存项目选择的命令。Arduino IDE要求为每个项目创建独立的文件夹，项目文件会以.ino为扩展名保存。良好的项目命名习惯有助于后续的代码管理和维护。

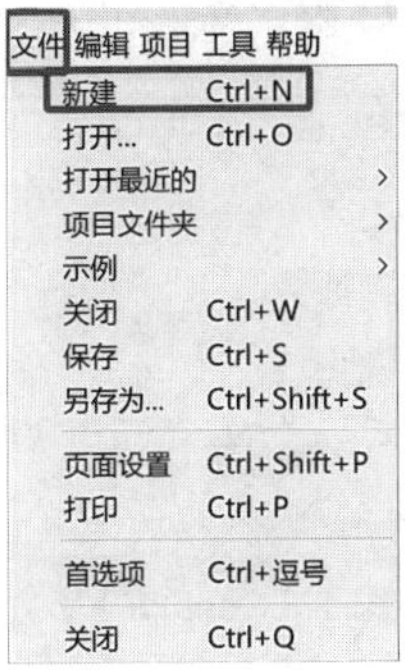

图 1-4 “新建”命令

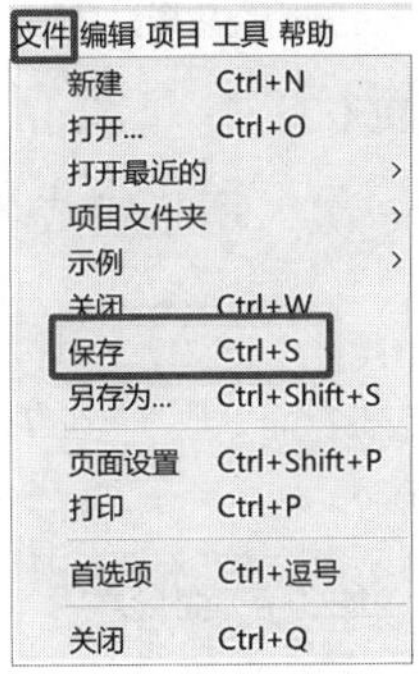

图 1-5 “保存”命令

新建一个项目，展示int类型代码的使用，如图1-6所示，代码结构清晰，包含变量声明、初始化函数和主循环函数三个主要部分。

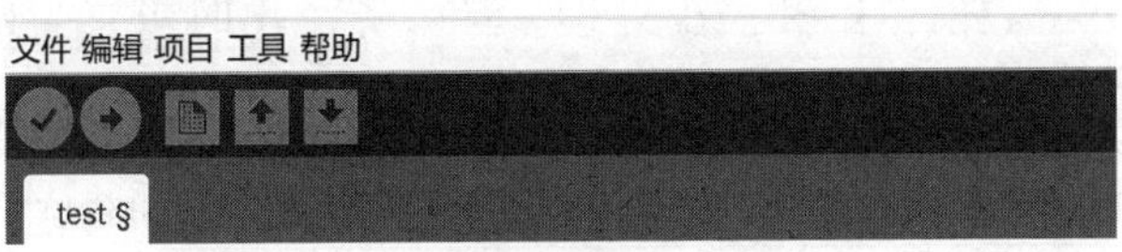


```
int counter = 0;  // 初始化计数器变量为0
int maxValue = 32767;  // 设置最大值为32767
int minValue = -32768;  // 设置最小值为-32768

void setup() {
  Serial.begin(9600);  // 初始化串口通信，波特率设置为9600
}

void loop() {
  Serial.print("Counter: ");  // 输出文本 "Counter: "
  Serial.println(counter);  // 输出当前计数器的值，并换行
  counter++;  // 计数器自增

  if (counter > maxValue) {  // 如果计数器超过最大值
    counter = minValue;  // 将计数器重置为最小值
  }

  delay(1000);  // 延迟1秒
}
```

图 1-6 示例代码

这种标准结构是Arduino程序的基本框架，展示了int类型的使用方式，包括其最大值和最小值，接下来对代码进行详细解读。

关键变量声明（见图1-7）详细展示了三个关键变量的定义，其中counter作为计数器从0开始，maxValue设定为32767，表示int类型的最大值，minValue设定为-32768，表示int类型的最小值。这些变量的声明清楚地展示了int类型的完整数值范围。

setup( )函数（见图1-8）用于串口通信的初始化过程。Serial.begin(9600)设定了波特率为9600，这是Arduino与计算机通信的标准配置。setup( )函数只在程序启动时执行一次，用于完成各种初始化设置。

```
int counter = 0;
int maxValue = 32767;
int minValue = -32768;
```

图 1-7　变量声明

```
void setup() {
  Serial.begin(9600);
}
```

图 1-8　setup( ) 函数

loop( )函数（见图1-9）展示了程序的主要逻辑。该函数会不断循环执行，首先输出当前计数器的值，然后将计数器递增，检查是否超过最大值，如果超出则重置为最小值。delay(1000)确保每秒执行一次循环，便于观察输出结果。代码演示了int类型数值范围和溢出处理。计数器溢出时重置为最小值，展示了int类型的全范围。整数溢出在Arduino编程中很重要，特别是在长时间运行的程序或精确计数应用中。溢出可能导致程序异常，如计时器或传感器数据处理错误。因此，开发者需要意识到int类型的限制，并采取措施防止溢出。正确处理溢出可提升程序的稳定性和可靠性，有效利用Arduino资源。在特定情况下，溢出可用于实现特定逻辑。

执行代码后，利用“工具”菜单中的“串口监视器”命令，可以检查接收到的结果（见图1-10）。选择“串口监视器”命令，会打开一个独立的窗口，用于展示Arduino通过串口发送的数据。监视器窗口底部可以设置波特率，该波特率必须与程序中Serial.begin( )设定的值一致。

```
void loop() {
  Serial.print("Counter: ");
  Serial.println(counter);
  counter++;

  if (counter > maxValue) {
    counter = minValue;
  }

  delay(1000);
}
```

图 1-9　loop( ) 函数

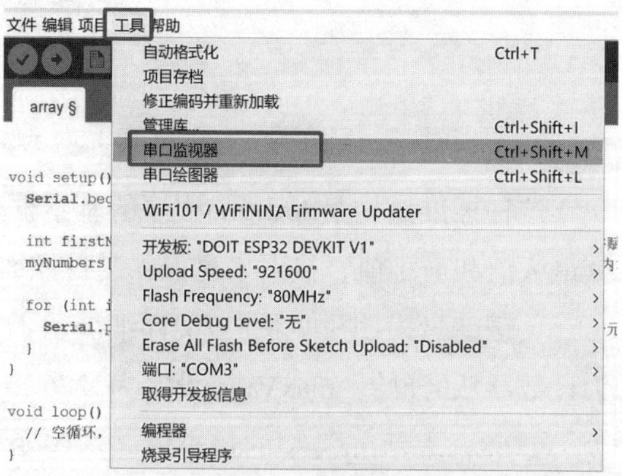

图 1-10　“串口监视器”命令

图1-11展示了程序运行后的实际输出。从图中可以看到计数器从初始值开始递增，每秒输出一个新值。当达到32767后，下一个值会变为-32768，完美演示了int类型数值范围和溢出行为。

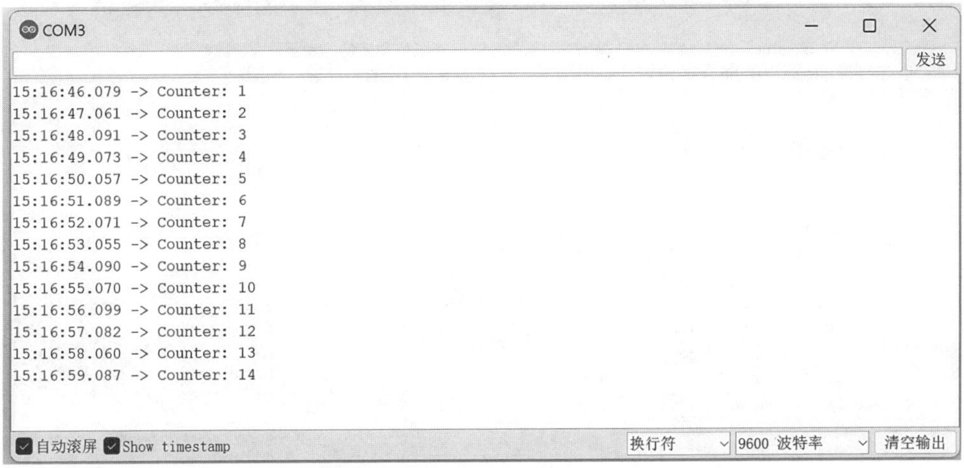

图 1-11　监听结果

（2）long（长整型）

在Arduino中，long类型占用4字节，范围为-2147483648到2147483647，适用于大数值和高精度计算。它常用于时间相关操作和存储大型传感器读数。使用long类型可防止中间结果溢出，但可能耗尽Arduino板的内存，操作速度也可能较慢。在资源受限时，需权衡数值范围需求和资源限制。若仅需无符号大范围整数，可使用unsigned long类型，范围为0到4294967295。合理使用long类型对开发可靠、高效的Arduino项目至关重要。

接下来将通过long类型代码的示例展示long类型的数值范围和溢出处理。与int类型示例相比，主要区别在于变量的数值范围显著扩大。程序结构保持了Arduino的标准模式，便于理解和维护，示例代码如图1-12所示，体现了在Arduino环境里long数据类型的应用，包括它的最大值、最小值及溢出特性。接下来是对代码的深入分析。

变量声明（见图 1-13）展示了两个 long 类型变量的初始化。设置 bigNumber 为 2147483647L（注意末尾的 L 标志），表示 32 位有符号长整型的最大值；设置 smallNumber 为 -2147483648L，表示有符号长整型的最小值。L 后缀明确告诉编译器这是 long 类型的常量。

long | Arduino 1.8.19

文件 编辑 项目 工具 帮助

long §

```
long bigNumber = 2147483647;  // 初始化一个长整型变量，表示最大整数值
long smallNumber = -2147483648;  // 初始化一个长整型变量，表示最小整数值

void setup() {
  Serial.begin(9600);  // 初始化串口通信，波特率设置为9600
}

void loop() {
  Serial.print("Big number: ");  // 输出文本 "Big number: "
  Serial.println(bigNumber);  // 输出当前大数值，并换行
  Serial.print("Small number: ");  // 输出文本 "Small number: "
  Serial.println(smallNumber);  // 输出当前小数值，并换行

  bigNumber++;  // 大数值增加1
  smallNumber--;  // 小数值减少1

  delay(1000);  // 延迟1秒
}
```

图 1-12　long( ) 函数

setup( )函数（见图1-14）展示了与int示例相同的串口初始化设置。这种一致性体现了Arduino编程的标准化特点，即无论使用何种数据类型，基本的通信设置保持不变。

```
long bigNumber = 2147483647;
long smallNumber = -2147483648;
```

图 1-13　变量声明

```
void setup() {
  Serial.begin(9600);
}
```

图 1-14　setup( ) 函数

loop( )函数（见图1-15）展示了同时处理两个long变量的逻辑。程序同时输出bigNumber和smallNumber的当前值，然后分别进行递增和递减操作。这种双向变化的设计可以同时观察long类型在正负两个方向上的边界行为。

如图1-16所示，展示了long类型程序的运行输出。可以看到大数和较小数同时变化，当bigNumber超过最大值时会溢出到负数范围，而smallNumber低于最小值时会溢出到正数范围，充分展示了long类型的完整数值范围。

```
void loop() {
  Serial.print("Big number: ");
  Serial.println(bigNumber);
  Serial.print("Small number: ");
  Serial.println(smallNumber);

  bigNumber++;
  smallNumber--;

  delay(1000);
}
```

图 1-15　loop( ) 函数

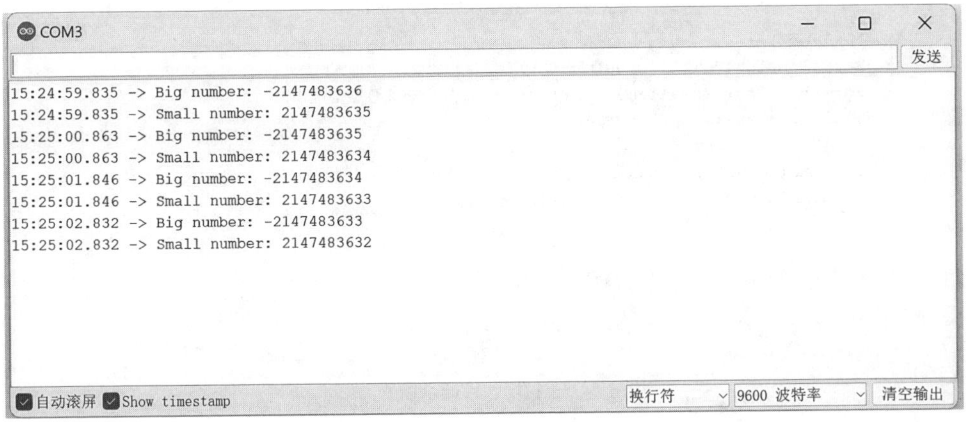

图 1-16　执行结果

（3）short（短整型）

在Arduino中，short类型占用2字节，范围为-32768到32767，与int相同。使用short有助于优化内存使用，提高代码的可读性和可维护性。它在代码自文档化和团队协作中非常有益，使其他开发者能快速了解变量的用途和范围限制。在特定平台上，short可以占用更少的内存，提高代码的可移植性。使用short类型有助于减少潜在的溢出错误。尽管在性能上short和int无显著差异，但过度优化不如关注代码清晰度和可维护性重要。在大型或复杂的项目中，一致使用适当的数据类型可提高代码质量。总之，使用short类型的整数是良好的编程实践的一部分。代码示例如图1-17所示，展示了short类型整数的使用，其行为与int类似。代码中的counter变量从0开始递增，直到达到short数据类型的最大值32767后重置为0。这种循环计数的模式在实际应用中很常见，如用于周期性任务的计数器或状态机的状态转换。

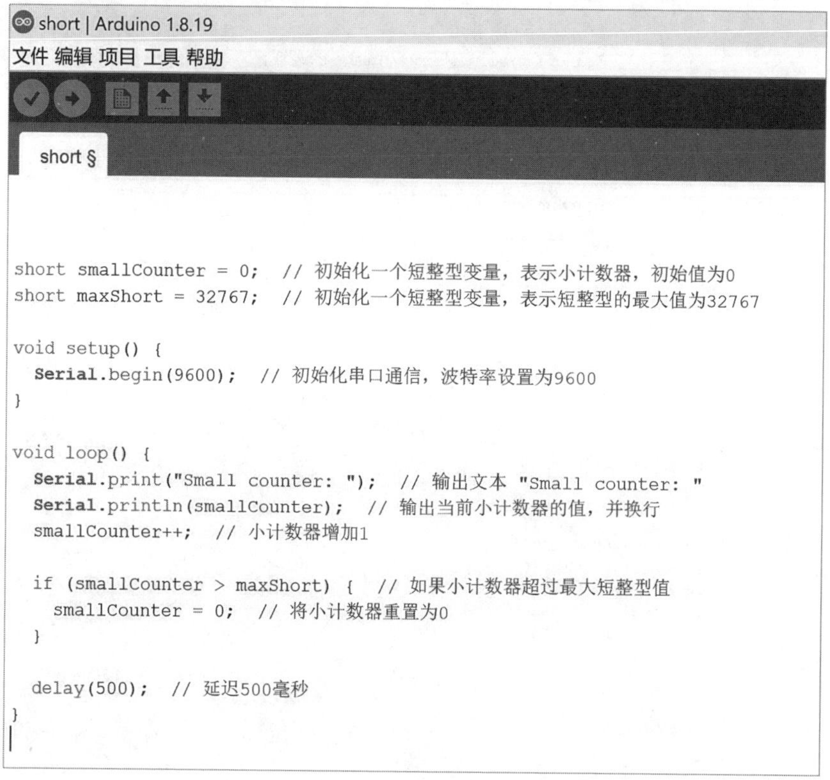

图 1-17　代码示例

这段代码的关键点如下。

- short类型范围：short类型正数范围为0到32767。
- 循环计数：代码实现从0到short类型最大值。
- 溢出处理：代码在short达到最大值时重置计数器为0。
- 与int的相似性：short和int在Arduino上均为16位，行为相似。
- 使用场景：short适用于小范围整数，可节省内存。
- 频率控制：代码每0.5s更新计数器，便于观察。

以上关键点体现了short类型整数的使用范围及自定义重置操作。提醒开发者注意short阈值范围，并适当处理溢出。

（4）byte（字节型）

byte是8位无符号整数，范围为0～255，常用于嵌入式系统存储小整数。它节省内存，适合数值不超过255的场景。byte在Arduino中用于处理数字引脚状态、模拟传感器读数和通信协议中的字节传输。它是进行位操作的理想选择，但需注意其无符号特性可能导致的算术运算问题。合理使用byte能优化Arduino程序的内存使用，特别是在处理小范围整数和位操作时。代码示例如图1-18所示，使用byte类型整数来控制LED的亮度，展示了其在0～255范围内的应用，并给出使用byte类型整数控制LED亮度的完整程序。这是byte类型整数最典型的应用场景之一，因为PWM输出的范围（0～255）与byte类型整数的范围完全匹配。

byte | Arduino 1.8.19
文件 编辑 项目 工具 帮助
byte §

```
byte ledBrightness = 0;  // 初始化一个字节型变量，表示LED亮度，初始值为0
byte fadeAmount = 5;  // 初始化一个字节型变量，表示LED亮度变化的步进值，初始值为5

void setup() {
  pinMode(9, OUTPUT);  // 设置引脚9为输出模式，用于控制LED
}

void loop() {
  analogWrite(9, ledBrightness);  // 使用PWM方式向引脚9写入LED亮度值

  ledBrightness += fadeAmount;  // 调整LED亮度值

  if (ledBrightness <= 0 || ledBrightness >= 255) {  // 如果LED亮度值小于等于0或大于等于255
    fadeAmount = -fadeAmount;  // 反转亮度变化的步进方向
  }

  delay(30);  // 延迟30毫秒
}
```

图 1-18 代码示例

变量声明（见图1-19）展示了两个byte类型变量：ledBrightness用于存储当前LED的亮度值，设置初始值为0表示LED完全熄灭；设置fadeAmount的值为5，表示每次循环亮度变化的步长。这种小步长确保了平滑的渐变效果。

setup( )函数（见图1-20）用于设置引脚模式。pinMode(9, OUTPUT)表示将9号引脚配置为输出模式，这是使用PWM控制LED的必要设置。选择9号引脚是因为它支持PWM功能。

```
byte ledBrightness = 0;
byte fadeAmount = 5;
```

图 1-19 变量声明

```
void setup() {
  pinMode(9, OUTPUT);
}
```

图 1-20 setup( ) 函数

loop( )函数（见图1-21）展示了LED渐变效果的实现逻辑。analogWrite( )函数输出PWM信号控制LED亮度，然后更新亮度值。当亮度达到0或255的边界时，通过改变fadeAmount的正负号来反转变化方向，实现LED的呼吸灯效果。30毫秒的延时确保渐变过程肉眼可见且流畅。

```
void loop() {
  analogWrite(9, ledBrightness);

  ledBrightness += fadeAmount;

  if (ledBrightness <= 0 || ledBrightness >= 255) {
    fadeAmount = -fadeAmount;
  }

  delay(30);
}
```

图 1-21　loop( ) 函数

检查亮度是否为最小（0）或最大（255）值，若满足条件，则改变fadeAmount的符号，以调整亮度变化的方向。

在每次循环之后，通过delay(30)进行短暂的停止，以此来控制渐变的速率。以上代码的关键点总结如下。

- byte类型整数的应用：适用于Arduino PWM输出范围。
- LED渐变效果：通过调整亮度值实现LED渐变效果。
- 边界处理：亮度值达到极值时会改变变化方向。
- PWM使用：利用analogWrite( )和byte变量控制LED亮度。
- 无符号特性：byte类型整数适合无须负值的场景。
- 内存效率：byte类型整数可以节省处理小范围值时的内存。

图1-22所示的表格提供了四种整数类型的全面对比，清晰地展示了每种类型的内存占用、数值范围、无符号范围和典型应用场景。该对比表是选择合适数据类型的重要参考。

可以看出byte类型最节省内存，适合小范围无符号数值。short和int类型平衡了内存使用和数值范围。long类型提供最大的数值范围，但消耗更多内存。

类型	内存占用（位）	数值范围	无符号范围	典型应用场景
int	16	-32,768 到 32,767	0 到 65,535	一般计数，存储中等大小的数
long	32	-2,147,483,648 到 2,147,483,647	0 到 4,294,967,295	大数值计算，时间戳
short	16	-32,768 到 32,767	0 到 65,535	节省内存时使用
byte	8	N/A	0 到 255	数据传输，LED 控制

图 1-22　类型比较

在选择合适的整数类型时，应注意以下要点。

- 在内存限制下，选择小数据类型可节省RAM。
- 确保数据类型能表示所有值。
- 大类型操作略慢，但差异可忽略。
- 注意数据类型与其他系统是否兼容。
- 警惕数学运算中的溢出风险。

1.4.3　数组与字符串

在Arduino编程中，数组和字符串是处理多个数据和文本信息的核心数据结构。数组作为相同类型元素的有序集合，通过索引进行访问；字符串则是字符数组的一种特殊形式，专门用于处理文本数据。掌握这两种数据结构的使用方法，能够有效管理数据并简化代码逻辑。

（1）数组

数组是一种用于存储多个相同类型数据的结构，在Arduino中广泛应用于数据管理。数组的索引从0开始，这种特性使其特别适合与循环结构配合使用。在实际应用中，数组常用于存储LED引脚编号、传感器读数序列或控制命令集合等。

如图1-23所示为数组声明和初始化的基本方法。在Arduino中声明数组时，需要指定数据类型和数组大小。初始化可以在声明时进行，也可以在后续代码中逐个赋值。这种声明方式创建了一个固定大小的数组，并可以立即赋予初始值。数组一旦被声明，其大小在程序运行时不能改变，这是静态数组的基本特征。

```
int myNumbers[5] = {10, 20, 30, 40, 50};   // 声明并初始化整数数组
float temperatures[3];   // 声明浮点数数组，未初始化
```

图 1-23　数组声明和初始化

如图1-24演示了如何访问和修改名为myNumbers的整数数组元素的过程。通过数组索引可以直接访问特定位置的元素，索引值从0开始计数。修改数组元素同样通过索引实现，直接对指定索引位置赋值即可。这种操作方式直观且高效，特别适合在循环中批量处理数据。串口通信功能的初始化使得用户可以将数组操作结果输出到串口监视器，便于观察和调试程序运行状态。

```
void setup() {
  Serial.begin(9600);  // 初始化串口通信，波特率设置为9600

  int firstNumber = myNumbers[0];  // 访问数组 myNumbers 的第一个元素并赋值给 firstNumber
  myNumbers[2] = 35;  // 将数组 myNumbers 的第三个元素设置为35，修改数组内容

  for (int i = 0; i < 5; i++) {
    Serial.println(myNumbers[i]);  // 通过串口打印数组 myNumbers 的每个元素的值
  }
}

void loop() {
  // 空循环，没有代码
}
```

图 1-24　访问和修改数组元素

如图1-25所示，为多维数组的初始化与赋值方法。多维数组本质上是数组的数组，适用于表示矩阵、表格或其他具有多个维度的数据结构。初始化时使用嵌套的花括号来组织数据，每一层花括号对应一个维度。这种数据组织方式在处理图像数据、游戏地图或传感器矩阵时特别有用。

如图1-26所示，进一步说明了二维数组matrix的具体应用。这个3×3的整数矩阵通过嵌套循环进行遍历，每个元素按行列顺序输出到串口监视器。输出时，同一行的元素用空格分隔，行与行之间通过换行符分隔，形成清晰的矩阵展示格

式。这种输出方式有助于直观地验证二维数组的初始化是否正确，也便于调试涉及矩阵运算的程序。

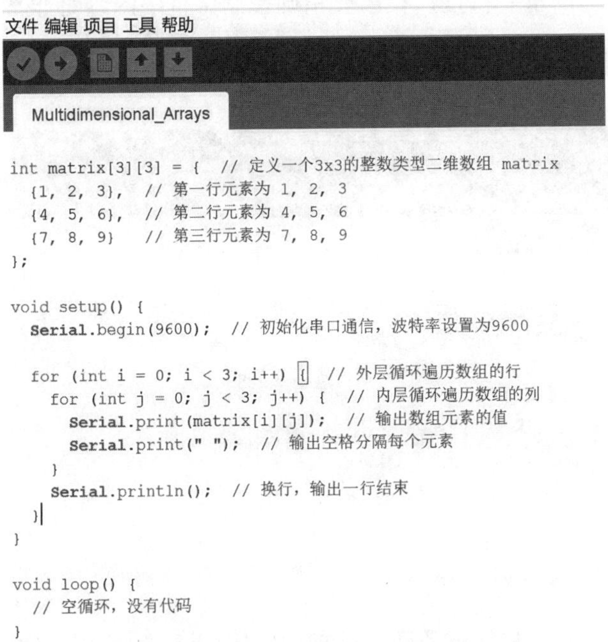

图 1-25 多维数组初始化与赋值

```
int matrix[3][3] = {
  {1, 2, 3},
  {4, 5, 6},
  {7, 8, 9}
};
```

图 1-26 二维数组 matrix

多维数组适用于表示矩阵或表格数据，一个3 × 3的二维数组可以定义为int matrix[3][3]。初始化时可以使用嵌套的花括号来组织数据。在实际应用中，通过嵌套循环遍历二维数组是常见的操作模式。使用Serial.print( )函数可以将数组内容输出到串口监视器，以便调试和验证数据的正确性。

（2）字符串

Arduino提供两种字符串表示方式：字符数组和String对象。字符数组操作简单，资源占用少，适合固定文本或内存受限的环境。String对象功能丰富，操作便捷，适合频繁的字符串处理任务。

（3）字符数组

字符数组是C语言风格的字符串表示方法，以null字符（'\0'）结尾。这种方式的内存使用效率高，适合存储固定的文本信息。例如，声明一个字符数组“char greeting[] = "Hello, Arduino!";”。字符数组支持直接修改单个字符，如将第一个字符改为小写“greeting[0] = 'h';”，如图1-27所示的案例定义了一个包含问候语的字符数组，首先通过串口输出原始字符串，然后演示了如何直接修改数组中的单个字符，将首字母从大写改为小写，最后输出修改后的结果。这种直接操作单个字符的能力是字符数组的重要特性，在需要精确控制字符串内容时非常有用。

文件 编辑 项目 工具 帮助

char

```
char greeting[] = "Hello, Arduino!";  // 定义并初始化一个字符数组 greeting，内容为 "Hello, Arduino!"

void setup() {
  Serial.begin(9600);  // 初始化串口通信，波特率设置为9600
  Serial.println(greeting);  // 通过串口输出字符数组 greeting 的内容

  // 修改字符数组的第一个字符为小写 'h'
  greeting[0] = 'h';
  Serial.println(greeting);  // 再次通过串口输出修改后的字符数组 greeting 的内容
}

void loop() {
  // 空循环，没有代码
}
```

图 1-27　字符数组

字符数组在通信协议、展示输出和传感器数据处理中应用广泛。由于内存连续分配，字符数组的操作效率较高。配合C语言标准库函数如strcpy( )、strcat( )等，可以实现基本的字符串操作。

（4）String对象

如图1-28所示为Arduino String对象的基本操作。String类提供了面向对象的字符串处理方式，支持动态内存管理和丰富的操作方法。示例展示了三个关键操作：字符串连接（concat方法）用于将多个字符串合并；子字符串提取（substring方法）可以获取字符串的特定部分；长度获取（length方法）返回字符串的字符数。这些操作都在setup( )函数中执行，结果通过串口输出，充分展现了String类的灵活性和易用性。

String对象自动管理内存分配和释放，无须预设长度，适合处理动态文本，如用户输入、数据解析。它提供substring( )、indexOf( )、replace( )、toint( )和toFloat( )等便捷方法，简化了字符串操作。然而，在Arduino内存受限的环境中，频繁修改String对象会触发内存重新分配，可能导致内存碎片化。用户可通过reserve( )方法预分配空间或限制对象作用域来优化使用。

文件 编辑 项目 工具 帮助

String

```
String message = "Welcome to Arduino";  // 定义并初始化一个String对象 message，内容为 "Welcome to Arduino"

void setup() {
  Serial.begin(9600);  // 初始化串口通信，波特率设置为9600
  Serial.println(message);  // 通过串口输出String对象 message 的内容

  // 对String对象进行操作
  message.concat("!");  // 在末尾添加字符 '!'
  Serial.println(message);  // 再次通过串口输出修改后的String对象 message 的内容

  String subStr = message.substring(0, 7);  // 提取从索引0到索引6的子字符串（不包括索引7）
  Serial.println(subStr);  // 输出提取的子字符串

  int length = message.length();  // 获取String对象 message 的长度
  Serial.println(length);  // 输出String对象 message 的长度
}

void loop() {
  // 空循环，没有代码
}
```

图 1-28　String 对象

下面介绍字符串比较和数值转换操作（见图1-29）。字符串比较功能可以判断两个字符串是否相等或进行大小比较，这在处理用户输入或进行协议解析时非常重要。数值与字符串之间的相互转换是另一个关键功能，可以将整数或浮点数转换为字符串，从而用于展示；而从串口或传感器接收的字符串数据可以转换为数值进行计算。这些转换操作简化了不同数据类型之间的交互。

String_comparison | Arduino 1.8.19

文件 编辑 项目 工具 帮助

String_comparison

```
void setup() {
  Serial.begin(9600);  // 初始化串口通信，波特率设置为9600

  String str1 = "Hello";  // 定义并初始化一个String对象 str1，内容为 "Hello"
  String str2 = "hello";  // 定义并初始化一个String对象 str2，内容为 "hello"

  if (str1.equalsIgnoreCase(str2)) {  // 判断忽略大小写后，str1 和 str2 是否相等
    Serial.println("Strings are equal (case insensitive)");  // 通过串口输出结果
  }

  str1.toLowerCase();  // 将 str1 中的所有字符转换为小写
  Serial.println(str1);  // 通过串口输出转换后的 str1

  int number = str1.toInt();  // 尝试将字符串 str1 转换为整数
  Serial.println(number);  // 通过串口输出转换后的整数值，由于"hello"不能转换为有效的数字，将打印0
}
```

图 1-29　字符串比较和数值转换

结合使用字符串数组和整数数组的示例如图1-30所示。这个示例演示了如何使用并行数组存储相关联的数据，即字符串数组存储描述性文本，整数数组存储对应的数值。通过串口与用户交互，程序可以根据用户输入选择和展示相应的信息。这种设计模式在创建菜单系统、配置选项或数据查找表时特别有用，展现了数组在组织结构化数据方面的优势。

array_string | Arduino 1.8.19
文件 编辑 项目 工具 帮助
array_string

```
String colors[] = {"Red", "Green", "Blue"};  // 定义并初始化一个String类型的数组 colors，包含颜色名称
int colorValues[] = {0, 0, 0};  // 定义并初始化一个整型数组 colorValues，用于存储颜色值，默认为0

void setup() {
  Serial.begin(9600);  // 初始化串口通信，波特率设置为9600

  for (int i = 0; i < 3; i++) {  // 循环处理每个颜色
    Serial.print("Enter value for ");  // 输出提示信息
    Serial.print(colors[i]);  // 输出当前颜色名称
    Serial.println(" (0-255):");  // 输出范围提示

    while (Serial.available() == 0) {}  // 等待用户输入

    colorValues[i] = Serial.parseInt();  // 读取串口输入的整数，并存入对应的 colorValues 数组元素

    Serial.print(colors[i]);  // 输出当前颜色名称
    Serial.print(" value set to: ");  // 输出设置信息提示
    Serial.println(colorValues[i]);  // 输出设置的颜色值
  }

  Serial.println("Final color values:");  // 输出最终颜色值提示
  for (int i = 0; i < 3; i++) {  // 循环输出每个颜色的最终值
    Serial.print(colors[i]);  // 输出当前颜色名称
    Serial.print(": ");  // 输出分隔符
    Serial.println(colorValues[i]);  // 输出对应的颜色值
  }
}

void loop() {
  // 空循环，没有代码
}
```

图 1-30 结合数组和字符串的实例

这个示例结合了字符串数组和整数数组，演示了如何使用数组存储相关数据，以及如何通过串口与用户交互。

使用数组和字符串时的注意事项如下。

内存管理策略：Arduino的RAM通常只有几字节，合理的内存管理至关重

要。使用大型数组或长字符串时需要特别谨慎。建议将固定文本存储在程序存储空间（PROGMEM）中，避免占用宝贵的RAM资源。选择合适的数据类型可以显著节省内存，例如用byte类型代替int类型存储小范围数值。优先使用预分配的字符数组而非动态String对象，可以防止内存碎片化问题。

边界检查的重要性：数组越界是导致程序崩溃或产生难以诊断错误的常见原因。访问数组前应始终验证索引的有效性，特别是在处理用户输入或循环操作时。合理设定数组大小，并使用常量或宏定义来管理数组长度，便于维护和修改。在字符串操作中，使用安全的函数可以防止缓冲区溢出。虽然边界检查会增加代码量，但这种预防措施能够避免更严重的系统问题。

避免动态内存分配：在Arduino开发中应尽量避免动态内存分配，因为频繁地分配和释放会导致内存碎片化。推荐使用静态分配方式，包括固定大小的数组、预分配的缓冲区和全局变量。当确实需要灵活地使用内存时，可以考虑实现内存池或循环缓冲区来管理内存资源。将常量数据存储在PROGMEM中，能够有效减轻RAM的使用压力。

字符串拼接优化：频繁的字符串拼接操作会影响内存性能并可能导致内存碎片化。在使用String对象时，通过reserve方法预留足够的空间可以减少内存重新分配的次数。在使用字符数组时，确保缓冲区大小足够容纳所有拼接操作的结果。sprintf函数可以一次性完成复杂的字符串格式化，避免多次拼接操作，在循环中进行字符串操作时尤其需要注意性能优化。

多维数组的内存考虑：多维数组虽然便于组织和管理复杂的数据，但内存消耗会随着维度的增加而显著增长。使用前需要仔细评估总内存需求，并考虑替代方案。比如，可以使用一维数组配合索引计算来模拟多维结构，或采用结构体数组来组织相关数据。对于大型数据集，使用SD卡等外部存储设备是更实际的选择。

字符串与字符数组的选择：选择使用字符数组还是String对象需要根据具体应用场景来权衡。字符数组内存使用效率高、执行速度快，适合处理固定或较短的字符串，但需要手动管理内存和处理边界问题。String对象提供自动内存管理和丰富的操作方法，适合处理动态文本和复杂的字符串操作，但可能产生内存碎片。在实际项目中，结合使用这两种方法通常能够达到最佳效果。

数组和字符串是Arduino项目中组织和处理数据的基础工具。它们支持数据收集、用户界面设计、通信协议实现等多种功能。正确选择和使用这些数据结构这能够显著提升程序的效率和可读性。在复杂项目中，合理运用数组和字符串可以使程序更加模块化和易于维护，同时有助于在内存使用和性能之间找到平衡点。深入了解并熟练掌握数组和字符串的使用技巧，是开发高质量Arduino项目的重要基础。

1.4.4 数据运算

Arduino编程中的数据运算是实现各种功能的基础。运算符作为编程语言的核心组成部分，包括算术、逻辑、比较、位和赋值运算符，每种运算符都有其特定的用途和应用场景。掌握这些运算符的使用方法，对于编写高效的Arduino程序至关重要。

（1）算术运算符

算术运算符是Arduino编程中最基本的工具，用于执行数学计算，包括加法、减法、乘法、除法和取模运算。这些运算符既适用于整数运算，也适用于浮点数运算。

① 加法（+）：加法运算符用于数值相加，在Arduino编程中应用广泛。它不仅可以直接处理简单的数值累加，还能用于计数器更新、数组元素求和等场景。

如图1-31展示了Arduino中加法运算的基本用法。程序首先定义了两个整型变量a和b，并分别赋值为5和3。通过加法运算符将两个变量相加，结果存储在变量sum中。最后通过串口输出展示计算结果为8。这个简单的示例说明了加法运算符在变量运算中的直接应用，同时展示了如何通过Serial.print( )函数输出运算结果，这在调试程序时非常有用。

加法运算符在实际应用中经常与循环结构配合使用，以实现数据的累积计算。例如，在读取多个传感器的数据并计算平均值时，需要先通过加法运算符累加所有数值。它还可以用于时间累计、距离计算和各种计数场景。

② 减法（-）：减法运算符用于计算两个数值的差值。在Arduino项目中，减法运算符常用于计算时间间隔、距离差值、温度变化等。

如图1-32所示的减法示例程序演示了基本的减法操作。程序定义了两个变量，通过减法运算符计算它们的差值，并将结果存储在difference变量中。串口输出了减法运算的结果。这个示例特别适用于需要计算变化量的场景，如温度变化监测、位置偏移计算等。在控制系统中，通过计算目标值与当前值的差值，可以实现精确的反馈控制。

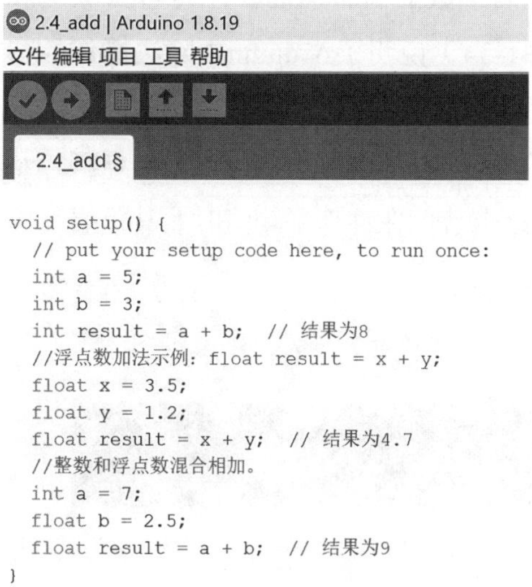


```
void setup() {
  // put your setup code here, to run once:
  int a = 5;
  int b = 3;
  int result = a + b;  // 结果为8
  //浮点数加法示例: float result = x + y;
  float x = 3.5;
  float y = 1.2;
  float result = x + y;  // 结果为4.7
  //整数和浮点数混合相加。
  int a = 7;
  float b = 2.5;
  float result = a + b;  // 结果为9
}
```

图 1-31　加法运算

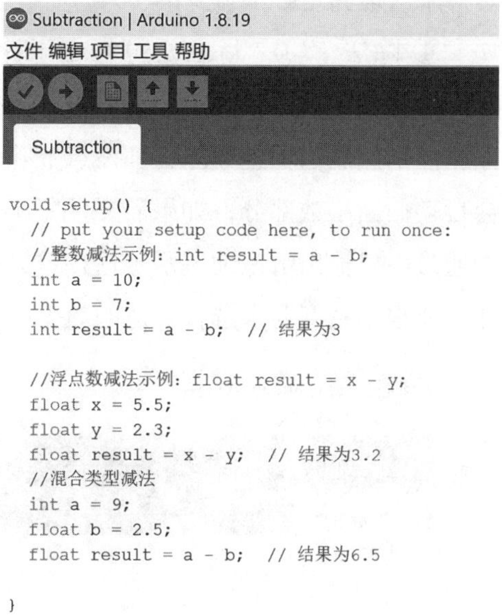


```
void setup() {
  // put your setup code here, to run once:
  //整数减法示例: int result = a - b;
  int a = 10;
  int b = 7;
  int result = a - b;  // 结果为3

  //浮点数减法示例: float result = x - y;
  float x = 5.5;
  float y = 2.3;
  float result = x - y;  // 结果为3.2
  //混合类型减法
  int a = 9;
  float b = 2.5;
  float result = a - b;  // 结果为6.5

}
```

图 1-32　减法示例

减法运算符还可以用于数组索引的反向遍历和倒计时功能的实现。在处理时间戳时，减法运算可以帮助用户计算事件之间的时间间隔。

③ 乘法（*）：乘法运算符用于计算数值的乘积，在单位转换和比例缩放中发挥着重要作用。乘法示例（见图1-33）展示了如何使用乘法运算符进行数值计算。程序中两个变量通过乘法运算得到乘积，结果通过串口输出。这种运算在传感器数据处理中特别常见，例如，在将原始ADC读数转换为实际电压值时，需要乘以相应的转换系数。在PWM控制中，乘法运算符可以用于调整占空比，实现LED亮度或电机速度的精确控制。

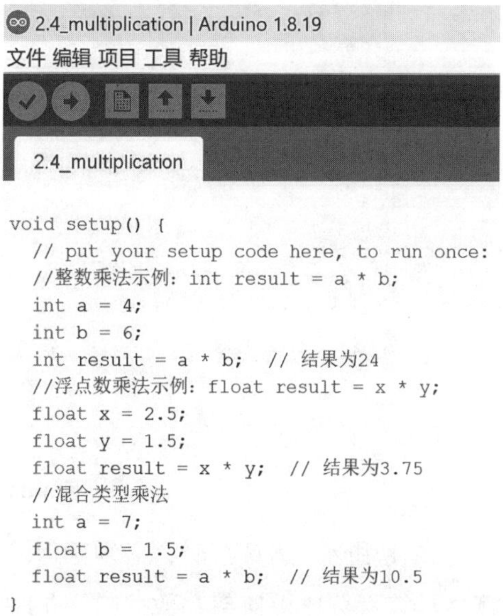


```
void setup() {
  // put your setup code here, to run once:
  //整数乘法示例: int result = a * b;
  int a = 4;
  int b = 6;
  int result = a * b;  // 结果为24
  //浮点数乘法示例: float result = x * y;
  float x = 2.5;
  float y = 1.5;
  float result = x * y;  // 结果为3.75
  //混合类型乘法
  int a = 7;
  float b = 1.5;
  float result = a * b;  // 结果为10.5
}
```

图 1-33　乘法示例

乘法运算符在图形展示和动画效

果中也扮演着重要角色，用于坐标变换和缩放操作。在计算功率、面积等物理量时，乘法运算是必不可少的工具。

④ 除法（/）：除法运算符用于计算两个数的商，但需要注意整数除法和浮点数除法的区别。除法运算示例（见图1-34）说明了Arduino中除法操作的特点。该示例展示了整数除法和浮点数除法的不同结果。当两个整数相除时，结果会自动截断小数部分；如果需要保留小数，至少有一个操作数应该是浮点型。示例通过串口输出清楚地展示了这种差异。这个特性在计算平均值时尤其重要，因此需要根据精度要求选择合适的数据类型。

2.4_division | Arduino 1.8.19

文件 编辑 项目 工具 帮助

2.4_division

```
void setup() {
  // put your setup code here, to run once:

  //整数除法示例：int result = a / b;
  int a = 10;
  int b = 3;
  int result = a / b;  // 结果为3，因为只保留整数部分

  //浮点数除法示例：float result = x / y;
  float x = 7.5;
  float y = 2.5;
  float result = x / y;  // 结果为3.0

  //混合类型除法
  int a = 9;
  float b = 2.0;
  float result = a / b;  // 结果为4.5

  //零除错误:在进行除法运算时，需要注意防止除以零的情况，否则会导致运行时错误或不可预期的行为。
  int a = 9;
  int b = 0;
  if (b != 0) {
    int result = a / b;
    Serial.println(result);
  } else {
    Serial.println("Error: Division by zero");
  }

}
```

图 1-34　除法运算

在使用除法运算符时，必须确保除数不为零，否则会导致程序错误。除法运算在计算百分比、比率和数据归一化时非常有用。

⑤ 取模（%）：取模运算符返回除法运算的余数，在处理周期性任务时特

别有用。取模运算示例演示了如何获取除法的余数，即一个数除以另一个数后的余数，并通过串口输出结果（见图1-35）。这个运算符在创建循环菜单时非常实用，可以确保选项在有效范围内循环。例如，菜单有5个选项，使用取模运算可以实现从最后一个选项自动跳转到第一个选项的效果。

```
void setup() {
  // put your setup code here, to run once:
  //在这个例子中，变量 a 被 b 整除后，result 变量保存了余数。因此，10 除以 3 的余数为 1。
  int a = 10;
  int b = 3;
  int result = a % b;  // 计算10除以3的余数，结果为1
  Serial.println(result);

}
```

图 1-35　取模运算

取模运算符还常用于判断奇偶性（对2取模）、实现环形缓冲区、处理时钟展示（如将小时数限制在0～23范围内）等场景。在处理周期性数据和实现循环逻辑时，取模运算符是不可或缺的工具。

（2）逻辑运算符

逻辑运算符用于布尔逻辑运算，是实现条件判断和程序流程控制的关键工具。

逻辑运算符在Arduino编程中至关重要，用于控制流程、条件判断和布尔运算。下面详细讲解与（&&）、或（||）和非（!）三种主要的运算符，并提供示例和应用场景。

① 与运算符（&&）：与运算符要求所有条件都为真时才返回真值。逻辑与示例代码展示了复合条件判断的实现（见图 1-36）。示例程序中定义了两个变量 a 和 b，都赋值为 10。条件判断语句检查 a 和 b 是否都大于 0，只有当两个条件同时满足时，才会执行串口打印操作。这种运算符具有短路特性，如果第一个条件为假，就不会对第二个条件进行求值，从而提高程序执行效率。在实际应用中，逻辑异常用于安全检查，例如只有当多个传感器都检测到正常状态时，系统才会启动。

2.4.2_Logical_AND | Arduino 1.8.19

文件 编辑 项目 工具 帮助

2.4.2_Logical_AND

```
void setup() {
  // put your setup code here, to run once:
  int a = 5;
  int b = 3;
  if (a > 0 && b > 0) {
    // 当 a 和 b 都大于 0 时执行操作
    Serial.println("Both a and b are greater than zero.");
  }
}
```

图 1-36　与运算符

② 或运算符（||）：或运算符只要有一个条件为真就返回真值。或运算符示例展示了多条件选择的实现方式（见图1-37），程序通过检查两个条件中是否至少有一个为真来决定是否执行特定操作。这在处理多个输入源时特别有用，例如，检测多个按钮中是否有任意一个被按下，或者判断多个报警条件中是否有任意一个被触发。或运算符具有短路特性，这提高了代码执行效率。

2.4.2_logical_or | Arduino 1.8.19

文件 编辑 项目 工具 帮助

2.4.2_logical_or

```
void setup() {
  // put your setup code here, to run once:
  int a = 5;
  int b = 3;
  if (a > 0 || b > 0) {
    // 当 a 或者 b 中有一个大于 0 时执行操作
    Serial.println("Either a or b is greater than zero.");
  }
}
```

图 1-37　或运算符

③ 非运算符（!）：非运算符用于逻辑取反，将真值变为假值，将假值变为真值。非运算符示例（见图1-38）演示了布尔值的反转操作。程序中定义了一个

布尔变量isOn，初始值为false。通过非运算符对其取反，当isOn为假时，!isOn的值为真，从而执行相应的操作。非运算符在切换状态时这个运算非常方便，例如通过一个按钮切换LED的开关状态，每次按下按钮时使用非运算符反转当前状态即可。

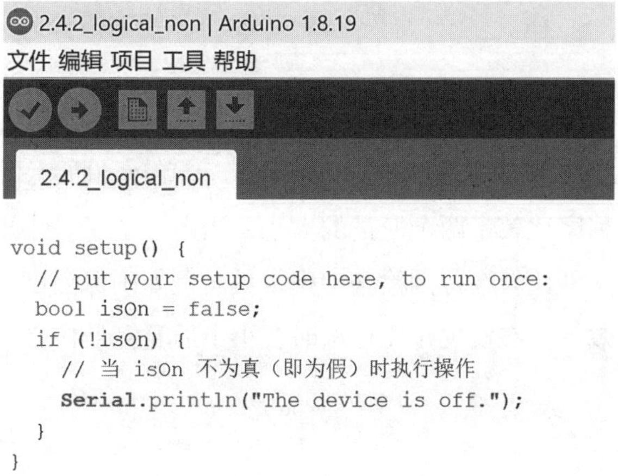

图 1-38　非运算符

（3）比较运算符

比较运算符是编程中用于比较值的工具，Arduino中的比较运算符包括相等（==）、不等（!=）、小于（<）、大于（>）、小于等于（<=）和大于等于（>=）。这些运算符用于条件判断和控制程序流程。

① 相等运算符（==）：相等运算符的作用是检查两个数值是否相同。相等运算符示例展示了如何判断两个变量是否具有相同的值（见图1-39）。程序中两个变量都被赋值为5，通过相等运算符比较后，条件为真，执行串口输出。这个运算符在状态检查中应用广泛，例如检查按钮是否处于特定状态、验证传感器读数是否达到预设值等。使用时要特别注意区分相等运算符（==）和赋值运算符（=），这是编程初学者常见的错误来源。

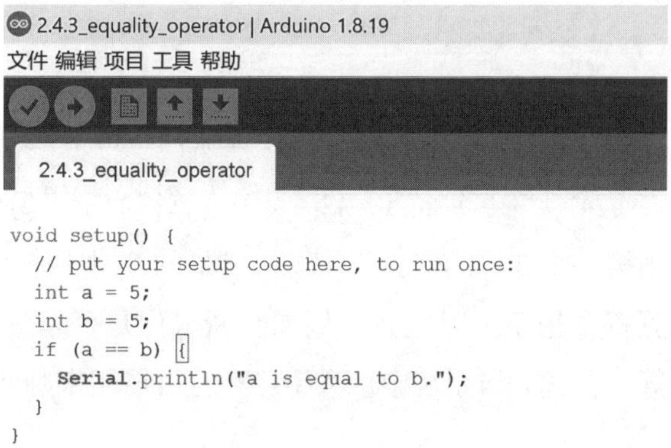

图 1-39　相等运算符

② 不等运算符（!=）：不等运算符用于判断两个值是否不相等。不等运算符示例说明了如何检测两个值的差异（见图1-40）。程序中两个变量具有不同的值，通过不等运算符判断后执行相应的操作。这个运算符在错误检测和异常处理中特别重要，例如，检查传感器读数是否偏离正常范围、判断通信数据是否出现异常等。

```
void setup() {
  // put your setup code here, to run once:
  int a = 5;
  int b = 3;
  if (a != b) {
    Serial.println("a is not equal to b.");
  }
}
```

图 1-40　简单的不等判断

③ 小于运算符（<）：小于运算符示例展示了对数值大小的比较（见图1-41）。程序比较了两个变量的大小，当第一个变量小于第二个变量时，执行特定操作。这种比较在范围检查中很常见，例如确保温度不低于下限、检查数组索引是否有效等。在实现排序算法时，小于运算符是核心比较工具。

```
void setup() {
  // put your setup code here, to run once:
  int a = 3;
  int b = 5;
  if (a < b) {
    Serial.println("a is less than b.");
  }
}
```

图 1-41　简单的小于判断

④ 大于运算符（>）：大于运算符演示了另一种大小比较方式（见图1-42）。当第一个变量的值大于第二个变量的值时，条件成立并执行相应的操作。这个运算符常用于上限检查，例如判断水位是否超过警戒线、检测速度是否超过限制等。在优先级系统中，大于运算符可以用来判断任务的优先级高低。

```
void setup() {
  // put your setup code here, to run once:
  int a = 5;
  int b = 3;
  if (a > b) {
    Serial.println("a is greater than b.");
  }
}
```

图 1-42　简单的大于判断

⑤ 小于等于运算符（<=）：小于等于运算符示例展示了包含边界值的比较

（见图1-43）。这个运算符在处理范围判断时特别有用，因为它包含了边界值本身。例如，在检查数组访问时，索引必须小于或等于数组的最大索引值。在控制系统中，这个运算符可以确保参数不超过最大允许值。

```
void setup() {
  // put your setup code here, to run once:
  int a = 3;
  int b = 5;
  if (a <= b) {
    Serial.println("a is less than or equal to b.");
  }
}
```

图 1-43 简单的小于等于判断

⑥ 大于或等于运算符（>=）：大于等于运算符示例说明了另一种包含边界值的比较方式（见图1-44）。程序通过判断一个值是否大于或等于另一个值来决定执行路径。这个运算符在设置最小阈值时非常有用。例如，确保电池电压不低于最小工作电压、验证输入值满足最低要求等。

```
void setup() {
  // put your setup code here, to run once:
  int a = 5;
  int b = 3;
  if (a >= b) {
    Serial.println("a is greater than or equal to b.");
  }
}
```

图 1-44 简单的大于等于判断

（4）位运算符

在Arduino编程中，位运算符可以让用户直接操作二进制位，包括按位与（&）、按位或（|）、按位异或（^）、左移（<<）和右移（>>）。位运算符直接操作二进制位，在嵌入式编程中具有重要作用。这些运算符在嵌入式系统中很实用，可用于控制硬件、提高代码运行效率和处理二进制数据。

① 按位与运算符（&）：按位与运算示例展示了二进制位级别的运算（见图1-45）。程序对两个数的每个对应位进行操作，只有当两个位都为1时，结果位才为1。示例展示了如何使用位掩码提取特定位的值。这在读取硬件寄存器的特定状态位时非常有用。例如，检查某个外部设备是否就绪、提取传感器数据的特定字段等。

```
void setup() {
  // put your setup code here, to run once:
  int a = 12;  // 12的二进制表示为 00001100
  int b = 10;  // 10的二进制表示为 00001010
  int result = a & b;  // 结果是 00001000，即 8
  Serial.println(result);  // 输出 8
}
```

图 1-45　按位与操作

② 按位或运算符（|）：按位或运算示例演示了如何设置特定的二进制位（见图1-46）。程序通过按位或运算将某些位设置为1，而不影响其他位。这在配置硬件寄存器时特别重要，可以启用特定功能而保持其他设置不变。例如，在配置微控制器的端口时，可以使用按位或运算符将特定引脚设置为输出模式。

```
void setup() {
  int a = 12;  // 12的二进制表示为 00001100
  int b = 10;  // 10的二进制表示为 00001010
  int result = a | b;  // 结果是 00001110，即 14
  Serial.println(result);  // 输出 14
}
```

图 1-46　按位或操作

③ 按位异或运算符（^）：按位异或运算符示例展示了位翻转操作（见图1-47）。当两个对应位不同时，结果为1；当两个对应位相同时，结果为0。这个特性使得按位异或运算符成为切换状态的理想工具。例如，可以用它来切换LED的状态，每次执行异或操作都会反转当前状态。按位异或运算符还可以用于简单的数据加密和校验和计算。

```
void setup() {
  int a = 12;  // 12的二进制表示为 00001100
  int b = 10;  // 10的二进制表示为 00001010
  int result = a ^ b;  // 结果是 00000110，即 6
  Serial.println(result);  // 输出 6
}
```

图 1-47　按位异或运算符

④ 左移运算符（<<）：左移运算符示例说明了二进制位的左移操作（见图1-48）。每左移1位相当于乘以2，这比直接使用乘法运算更快。示例展示了如何通过左移快速计算2的幂次。在构造位模式时，左移运算符非常有用，例如创建只有特定位为1的掩码。在处理RGB颜色值时，可以使用左移运算符将各个颜

色分量组合成一个整数。

```
void setup() {
  int a = 3;  // 3的二进制表示为 00000011
  int result = a << 2;  // 结果是 00001100，即 12
  Serial.println(result);  // 输出 12
}
```

图 1-48 左移运算符

⑤ 右移运算符（>>）：右移操作示例展示了二进制位的右移过程（见图1-49）。每右移1位相当于除以2（向下取整）。这个运算符在提取高位数据时特别有用，例如从16位数据中提取高8位。在信号处理中，右移可以用于快速实现除法运算，提高程序执行效率。

```
void setup() {
  int a = 12;  // 12的二进制表示为 00001100
  int result = a >> 2;  // 结果是 00000011，即 3
  Serial.println(result);  // 输出 3
}
```

图 1-49 右移操作

在Arduino编程实践中，位运算不仅是理论知识，更是解决实际问题的强大工具。通过巧妙运用位操作，可以高效地控制硬件设备、处理传感器数据，实现原本复杂的功能。下面将通过具体的应用场景，深入讲解位运算在嵌入式系统中的实际价值。

实际应用示例

示例1：LED状态控制

在嵌入式系统开发中，经常需要同时控制多个LED的开关状态。传统方法需要为每个LED分配独立的变量，这不仅占用内存，还使代码变得冗长（见图1-50）。而使用位运算技术，可以用一个字节的不同位来表示多个LED的状态，极大地提升了代码运行效率。如何使用单个字节变量管理8个LED的开关状态。图中演示了位图技术的核心思想：将一个8位变量的每一位对应到一个LED，通过位运算符实现对特定LED开关的精确控制。

```
byte ledStatus = 0b00001111;  // 初始状态，低4位为1，高4位为0

void setup() {
  Serial.begin(9600);
  for (int i = 0; i < 8; i++) {
    pinMode(i, OUTPUT);
  }
}

void loop() {
  // 开启第6位的LED
  ledStatus = ledStatus | 0b00100000;
  updateLEDs();

  delay(1000);

  // 关闭第6位的LED
  ledStatus = ledStatus & 0b11011111;
  updateLEDs();

  delay(1000);
}

void updateLEDs() {
  for (int i = 0; i < 8; i++) {
    digitalWrite(i, (ledStatus >> i) & 0x01);
  }
}
```

图 1-50　LED 开关状态控制

程序中定义了一个ledState变量作为LED状态寄存器，每一位代表对应编号LED的状态。通过定义LED0到LED7的位掩码（0x01、0x02、0x04等），可以方便地操作特定的LED。使用按位或运算符（|）可以点亮指定的LED，而不影响其他LED的状态；使用按位与运算符（&）配合取反后的掩码可以熄灭特定的LED；使用按位异或运算符（^）可以切换LED的当前状态。

这种方法的精妙之处在于可以同时操作多个LED。例如，要同时点亮第1、3、5号LED，只需将对应的掩码进行或运算后再与状态变量进行互操作即可。这种批量操作在传统方法中需要多条语句，而位运算只需一条语句就能完成。

示例2：传感器数据处理

现代传感器通常输出高精度的数据，这些数据在传输和存储时需要进行格式转换。16位数据的处理是最常见的场景，涉及数据的拆分、传输和重组。

如图1-51深入展示了16位传感器数据的处理过程，演示了如何将一个16位的传感器读数（如温度、压力、加速度等），拆分成高8位和低8位两个字节，以及如何从两个字节重新构建16位数据。

```
uint16_t sensorData = 0xABCD;

void setup() {
  Serial.begin(9600);

  byte highByte = (sensorData >> 8) & 0xFF;  // 提取高8位
  byte lowByte = sensorData & 0xFF;  // 提取低8位

  Serial.print("High Byte: ");
  Serial.println(highByte, HEX);

  Serial.print("Low Byte: ");
  Serial.println(lowByte, HEX);
}

void loop() {
  // 空循环
}
```

图 1-51　传感器数据处理

程序首先读取16位的传感器原始数据，存储在sensorValue变量中。为了提取高8位，使用右移运算符（>>）将数据右移8位，这样原来的高8位就移到了低8位的位置，可以直接赋值给highByte变量。在提取低8位时，使用按位与运算符（&）配合0xFF掩码，屏蔽掉高8位数据，只保留低8位数据。

这种数据拆分技术在多种场景下都有重要应用。在串行通信中，许多协议（如I2C、SPI、UART）都是以字节为单位传输数据的，16位或32位数据必须拆分后才能传输。在存储数据时，EEPROM等存储器通常也是按字节寻址的，因此需要将多字节数据拆分存储。

（5）赋值运算符

在Arduino编程中，赋值运算符用来给变量赋值，包括简单赋值（=）和复合赋值（+=、-=、*=、/=、%=）。复合赋值运算符结合了算术运算和赋值功能，使代码更简洁、高效。赋值运算符用于给变量赋值，复合赋值运算符将算术运算和赋值操作结合在一起。

① 简单赋值运算符（=）：基本赋值示例展示了最简单的变量赋值操作（见图1-52）。程序将数值10赋给变量a，然后通过串口输出验证赋值结果。这是编程中最基础的操作，用于初始化变量和更新变量值。在Arduino程序中，从设置引脚模式到保存传感器读数，赋值运算符无处不在。

```
void setup() {
  int a = 10;  // 将10赋值给变量a
  float b = 3.14;  // 将3.14赋值给变量b
  char c = 'A';  // 将字符'A'赋值给变量c
}
```

图 1-52　基本赋值

② 加法赋值运算符（+=）：加法赋值示例演示了如何简化累加操作（见图1-53）。程序中变量a的初始值为10，通过+=运算符增加5，结果为15。这种写法比a = a + 5更简洁，在循环中进行累加计算时特别方便。例如，累计多次传感器读数、实现积分运算等场景都会用到加法赋值运算符。

```
void setup() {
  int a = 5;
  a += 3;  // 相当于 a = a + 3; 现在a的值是8
}
```

图 1-53　加法赋值

③ 减法赋值运算符（-=）：减法赋值示例展示了递减操作的简化写法（见图1-54）。变量通过-=运算符减去指定的值，这在实现倒计时、渐变效果等功能时非常实用。例如，PWM值的递减可以实现LED的渐暗效果，计数器的递减可以实现倒计时功能。

```
void setup() {
  int a = 10;
  a -= 4;  // 相当于 a = a - 4; 现在a的值是6
}
```

图 1-54　减法赋值

④ 乘法赋值运算符（*=）：乘法赋值示例说明了如何快速进行比例缩放（见图1-55）。变量通过*=运算符乘以指定的系数，这在调整增益、实现指数增长等场景中很常见。例如，音量控制中的倍增、传感器数据的放大等都会用到这个运算符。

```
void setup() {
  int a = 4;
  a *= 2;  // 相当于 a = a * 2; 现在a的值是8
}
```

图 1-55　乘法赋值

⑤ 除法赋值运算符（/=）：除法赋值示例展示了如何进行比例缩小操作（见图1-56）。变量通过除法赋值运算符除以指定的值，常用于计算平均值、数据归一化等。在处理多个采样值时，可以先累加所有值，最后用除法赋值运算符计算平均值。

```
void setup() {
  int a = 20;
  a /= 4;  // 相当于 a = a / 4; 现在a的值是5
}
```

图 1-56 除法赋值

⑥ 取模赋值运算符（%=）：取模赋值示例演示了如何限制变量在特定范围内循环（见图1-57）。变量通过取模赋值运算符对指定值取模，确保结果在0到除数-1的范围内。这在实现循环计数器、环形缓冲区等功能时非常有用。

```
void setup() {
  int a = 10;
  a %= 3;  // 相当于 a = a % 3; 现在a的值是1
}
```

图 1-57 取模赋值

在Arduino编程中，复合赋值运算符不仅能简化代码的书写，更能在实际项目中发挥重要作用。通过将算术运算与赋值操作结合，这些运算符在计数控制、数据处理和范围约束等场景中展现出了独特优势。下面将通过三个典型应用实例，深入讲解复合运算符的实践价值。

实际应用示例

示例1：LED闪烁计数器

LED闪烁计数器示例展示了如何结合使用多种运算符实现实际功能（见图1-58）。使用加法赋值运算符（+=）实现一个简单的计数器，控制LED的闪烁频率。程序使用加法赋值运算符维护计数器，通过取模运算控制闪烁周期，利用比较运算符判断时机。这个综合示例说明了不同运算符如何协同工作，以实现一个完整的功能模块。计数器的递增展示了算术运算的应用，条件判断体现了比较运算符的作用，整体逻辑展示了程序控制流程的实现。

```
int ledPin = 13;
int counter = 0;

void setup() {
  pinMode(ledPin, OUTPUT);
  Serial.begin(9600);
}

void loop() {
  counter += 1;  // 每次循环计数器加1

  if (counter >= 100) {
    counter = 0;  // 当计数器达到100时重置为0
    digitalWrite(ledPin, !digitalRead(ledPin));  // 切换LED状态
    Serial.println("LED toggled");  // 输出调试信息
  }

  delay(10);  // 延迟10毫秒
}
```

图 1-58　LED 闪烁计数器

示例2：传感器数据处理

传感器数据处理示例展示了复合赋值运算符在数据处理中的应用。使用乘法赋值运算符（*=）和除法赋值运算符（/=）对传感器数据进行缩放和归一化处理（见图1-59）。程序首先读取原始传感器数据，然后通过乘法赋值运算符进行缩放，再用除法赋值运算符进行归一化处理。这个过程展示了如何将原始的ADC值转换为有意义的物理量。通过使用复合赋值运算符，代码更加简洁易读，同时保持了良好的性能。

```
float sensorValue;
float scaledValue;

void setup() {
  Serial.begin(9600);
}

void loop() {
  sensorValue = analogRead(A0);  // 读取模拟传感器数据

  scaledValue = sensorValue;
  scaledValue *= 5.0;  // 将传感器值放大5倍
  scaledValue /= 1023.0;  // 将传感器值归一化到0到5的范围

  Serial.print("Raw Value: ");
  Serial.print(sensorValue);
  Serial.print(" Scaled Value: ");
  Serial.println(scaledValue);

  delay(500);  // 延迟500毫秒
}
```

图 1-59　传感器数据处理

示例3：循环约束

循环约束示例说明了取模运算在创建循环行为中的应用。使用取模赋值运算符（%=）实现一个循环约束，将变量值限制在特定范围内（见图1-60）。程序使用取模赋值运算符确保变量始终在指定范围内变化，当达到上限时自动回到初始值。这种技术在实现菜单导航、动画循环、数据缓冲区管理等场景中被广泛应用。示例清楚地展示了如何通过简单的取模运算实现复杂的循环逻辑。

```
int counter = 0;

void setup() {
  Serial.begin(9600);
}

void loop() {
  counter += 1;  // 每次循环计数器加1
  counter %= 100;  // 将计数器值限制在0到99范围内

  Serial.println(counter);  // 输出计数器值

  delay(100);  // 延迟100毫秒
}
```

图1-60　循环约束

通过深入了解这些运算符及其应用示例，开发者可以编写出更加高效、简洁和功能强大的程序。每种运算符都有其特定的应用场景和优势，合理选择和组合使用这些运算符是提升编程技能的关键。在实际项目中，往往需要综合运用多种运算符来实现复杂的功能，因此熟练掌握各种运算符的特性和用法至关重要。

1.4.5　Arduino基本函数

Arduino编程的核心在于其丰富的基本函数库，这些函数为硬件交互提供了简洁而强大的接口。从数字信号的读写到模拟量的处理，从时间控制到数据通信，Arduino函数库涵盖了嵌入式开发的方方面面。

Arduino编程的基本函数库是硬件交互的核心工具集，这些函数将复杂的硬件控制简化为直观的编程接口。

数字的输入、输出可以通过digitalWrite、digitalRead和pinMode三个函数实现。digitalWrite控制引脚输出高低电平，digitalRead读取引脚状态，pinMode设置引脚工作模式。这组函数用于LED控制、按键检测、继电器驱动等数字设备的操作。

模拟处理依靠analogRead和analogWrite完成。analogRead将0～5伏特的模拟电压转换为0～1023的数值，用于读取各类传感器数据。analogWrite通过PWM技术输出可调信号，控制LED的亮度和电机转速。

时间管理提供delay和millis两种方案。delay实现阻塞式延时，简单但会暂停程序执行。millis返回运行时间，支持非阻塞计时，适合多任务处理。random函数可以生成伪随机数，配合randomSeed设置种子，在游戏、模拟等场景中增加随机性。串口通信通过Serial类函数实现。Serial.begin初始化通信，Serial.print发送数据，用于调试输出和设备间的数据交换。attachinterrupt配置中断响应，使程序能在外部事件触发时立即执行特定代码，提高系统的实时性。tone函数生成音频信号，驱动蜂鸣器发声，为用户交互提供听觉反馈。

这套函数体系简洁完整，既降低了入门门槛，又保持了足够的灵活性。通过合理组合使用，开发者能够高效实现从简单到复杂的各类嵌入式应用。

（1）数字/模拟的输入、输出

数字输入、输出是Arduino与外部世界交互的基础。通过简单的高低电平控制，就能实现LED闪烁、按键检测、继电器控制等功能。

Arduino与外部设备的交互依赖于数字/模拟输入、输出函数这一基础功能体系。这套函数体系构建了微控制器与物理世界之间的桥梁，使得各种传感器数据的读取、执行器的控制，以及用户交互成为可能。

数字输入/输出作为Arduino最基本的交互方式，通过简单的高低电平信号实现与外部设备的通信。这种二进制的信号形式虽然简单，却能够完成大量的控制任务。LED的点亮与熄灭、按钮状态的检测、继电器的开关控制等都依赖于数字信号的处理。

引脚模式的配置是使用数字输入、输出功能的第一步。pinMode函数承担着这一重要任务，它决定了每个引脚的工作方式，是作为信号的发送端还是接收端。当引脚被设置为输出模式时，Arduino可以主动控制该引脚的电平状态，当引脚被设置为输入模式时，可以读取外部信号的状态。

digitalWrite函数是数字输出的核心，能够将指定引脚设置为高电平或低电平。这个看似简单的功能实际应用极其广泛：控制LED的亮灭、驱动继电器切换、向其他数字设备发送控制信号等。与之对应的digitalRead函数则负责读取引脚的电平状态，常用于检测按键是否被按下、开关是否闭合、数字传感器的输出状态等。

模拟信号处理为Arduino增添了处理连续变化量的能力。analogRead函数能够读取0～5伏特的任意电压值，并将其转换为0～1023的数字量。这种模数转换功能使得Arduino能够感知温度、光照强度、声音大小等连续变化的物理量。各类模拟传感器，如温度传感器、光敏电阻、电位器等，都通过这个函数将物理量转换为程序可以处理的数字数据。

analogWrite函数虽然名为模拟写入，但实际上它是通过PWM技术实现的伪模拟输出。通过快速切换高低电平并调整占空比，可以在数字引脚上产生等效的模拟效果。这种技术广泛应用于LED亮度调节、电机速度控制、音频信号生成等场景。

这套输入、输出函数体系的设计充分考虑了易用性和功能性的平衡。简洁的函数接口降低了学习门槛，而丰富的功能又能满足各种应用需求。无论是初学者的入门项目还是专业控制系统，都能在这套函数体系中找到合适的解决方案。

在实际应用中，数字和模拟函数往往需要配合使用。例如，一个温控系统需要通过analogRead读取温度传感器的数据，经过处理后用digitalWrite控制加热器的开关，同时用analogWrite调节风扇的转速。这种灵活的组合使用方式极大地扩展了Arduino的应用范围。

掌握这些基本的输入、输出函数是Arduino编程的基石。通过合理运用这些函数，开发者能够实现与各种电子元件和传感器的交互，构建功能丰富的嵌入式系统。随着对这些函数了解的深入，开发者将能够更加得心应手地将创意转化为现实。

① pinMode函数：pinMode函数是Arduino编程中配置引脚工作模式的基础函数，它决定了每个引脚作为信号输入端还是输出端，以及是否需要启用内部电路辅助功能。

该函数通过两个参数来完成引脚配置。第一个参数pin指定需要配置的引脚编号，支持0到13的数字引脚，在某些Arduino板上还可以使用A0到A5的模拟引脚作为数字引脚。第二个参数mode定义引脚的工作模式，有3种选择：INPUT、OUTPUT和INPUT_PULLUP。

基本语法格式如下。

```
pinMode(13, OUTPUT);  // 将13号引脚设置为输出模式
```

OUTPUT模式将引脚配置为输出状态，使其能够向外部电路提供高电平或低电平信号。将引脚配置为输出后，可以通过digitalWrite函数控制引脚，用于驱动LED、继电器、蜂鸣器等执行器件。输出模式下的引脚具有一定的电流驱动能力，通常可以提供或吸收20～40毫安培的电流。

INPUT模式将引脚设置为输入状态，用于读取外部信号。在这种模式下，引脚呈现高阻抗特性，对外部电路的影响最小，适合连接各种传感器、按键开关等输入设备。通过digitalRead函数可以读取INPUT模式引脚的电平状态。需要注意的是，在纯输入模式下，如果引脚悬空，读取的值可能不稳定。

INPUT_PULLUP模式是一种特殊的输入模式，它在普通输入的基础上启用了微控制器内部的上拉电阻，阻值通常在20～50千欧姆。这个上拉电阻将引脚默认拉高到电源电压，有效避免了悬空状态导致的不稳定问题。这种模式特别适合连接按钮开关，按钮一端接引脚，另一端接地，按下时引脚读取为LOW，释放时自动恢复为HIGH。

引脚模式的正确配置是使用其他输入、输出函数的前提。在调用digitalWrite写入数据前，必须先将引脚设置为OUTPUT；在使用digitalRead读取数据前，需要将引脚配置为INPUT或INPUT_PULLUP。未正确配置引脚模式可能导致程序行为异常或硬件损坏。

在配置特殊功能引脚时，需要额外注意。例如，引脚0和1通常用于串口通信，如果配置为普通输入、输出，可能影响程序上传和调试。引脚13在大多数Arduino板上连接了板载LED，配置时要考虑这个因素。pinMode函数虽然简单，却是Arduino硬件控制的基石。正确了解和使用这个函数，是编写稳定可靠的Arduino程序的第一步。在每个项目开始时，明确规划引脚分配和配置，将为后续开发带来便利。

② digitalWrite函数：digitalWrite函数是Arduino控制数字输出的核心函数，用于设置指定引脚的电平状态，实现对外部电路的基本控制。

该函数接受两个参数。第一个参数pin指定要控制的引脚编号，可以是0～13的数字引脚，也支持A0～A5等模拟引脚作为数字引脚使用。第二个参数value决定输出的电平状态，接受HIGH或LOW两个预定义常量。

基本使用格式如下。

```
digitalWrite(13, HIGH);  // 将引脚13设置为高电平
digitalWrite(13, LOW);   // 将引脚13设置为低电平
```

HIGH状态对应输出高电平，在5伏特系统中约为5伏特，在3.3伏特系统中约为3.3伏特。LOW状态对应输出低电平，即0伏特。这种二进制电平控制构成了数字电路控制的基础。

在使用digitalWrite函数前，必须确保相应引脚已通过pinMode函数配置为OUTPUT模式。只有处于输出模式的引脚才能正确响应digitalWrite控制指令。如果引脚模式配置不当，函数执行结果将不可预测，可能导致程序异常。

digitalWrite常与其他Arduino函数配合使用。结合digitalRead可以实现输入响应输出的交互逻辑。配合analogRead可以根据模拟传感器数据控制数字输出。与时间函数结合可以生成各种时序控制。

在复杂的项目中，多个digitalWrite操作可以同时进行。要合理安排执行顺序，避免冲突，以确保系统稳定运行。对于需要同步控制多个引脚的情况，可以考虑使用端口操作实现真正的实时控制。digitalWrite函数虽然简单，却是Arduino编程的基础函数。掌握其正确使用方法，了解其电气特性和应用限制，是开发Arduino项目的必要技能。通过这个基本函数，配合其他Arduino功能，能够实现从简单LED控制到复杂自动化系统的各种应用。

③ digitalRead函数：digitalRead函数是Arduino读取数字输入的基本工具，用于获取指定引脚的电平状态，判断外部信号是高电平还是低电平。

该函数接受一个参数pin，指定要读取的引脚编号，可以是0～13的数字引脚或A0～A5的模拟引脚（作为数字输入使用时）。执行函数后返回一个整数值，代表当前引脚的电平状态：HIGH表示高电平，LOW表示低电平。在5伏特系统中，通常大于3伏特被识别为HIGH，小于1.5伏特被识别为LOW。

基本使用格式如下。

```
int buttonState = digitalRead(7);  // 读取引脚7的电平状态
```

在使用digitalRead前，需要通过pinMode函数将引脚配置为输入模式，可以选择INPUT模式或INPUT_PULLUP模式，后者启用内部上拉电阻，避免引脚悬空时的不稳定读数。

模拟/数字输入、输出使Arduino能够处理各种类型的传感器和执行器。温度

传感器、光敏电阻等模拟传感器通过analogRead函数读取数据，而数字传感器通过digitalRead函数读取数据。这种灵活性使Arduino成为连接物理世界与数字世界的理想平台。digitalRead函数虽然简单，却是构建交互式Arduino项目的关键。掌握其使用方法，了解输入特性和注意事项，能够开发出稳定可靠的输入检测系统。配合Arduino的其他功能，可以实现从简单按键控制到复杂传感器网络的各种应用。

④ analogRead函数：analogRead函数是Arduino读取模拟信号的核心函数，用于获取模拟引脚上的电压值，将连续变化的模拟信号转换为数字形式供程序处理。

该函数接受一个参数pin，用于指定要读取的模拟引脚。Arduino板上的模拟引脚通常标记为A0、A1、A2等，具体数量因板型而异。Arduino Uno有6个模拟输入引脚（A0～A5）。执行函数后返回一个0～1023的整数值，这个数值与引脚上的电压成正比。

基本使用格式如下。

```
int sensorValue = analogRead(A0);  // 读取A0引脚的模拟电压值
```

analogRead的工作原理基于模数转换器（ADC）。Arduino使用10位ADC，将模拟电压转换为1024个离散级别（0～1023）。在标准5伏特系统中，0对应0伏特，1023对应5伏特，每个单位约代表4.88毫伏。在3.3伏特系统中，1023对应3.3伏特，分辨率约为3.22毫伏。

在数据记录应用中，analogRead函数采集的数据可以通过串口发送到计算机，或存储到SD卡中。实时监控系统通过定期采样，跟踪传感器数值的变化趋势。analogRead函数是Arduino与模拟世界交互的桥梁。通过这个函数，各种模拟传感器的信息能够被数字系统理解和处理。掌握其使用方法和特性，了解ADC的工作原理和限制，是开发传感器应用项目的基础。合理运用analogRead，配合适当的信号处理技术，能够构建精确可靠的数据采集系统。

⑤ analogWrite函数：analogWrite函数是Arduino实现模拟输出的重要工具，通过脉宽调制（PWM）技术在数字引脚上产生模拟效果，用于控制LED亮度、电机转速等需要连续变化控制的场合。

该函数接受两个参数。第一个参数pin指定输出引脚，必须是支持PWM功能的引脚。在Arduino Uno上，引脚3、5、6、9、10、11具有PWM功能，通常在开发板上用波浪号（～）标记。第二个参数value设置PWM占空比，接受0～255的整数，0对应0占空比（完全关闭），255对应100%占空比（完全开启）。

基本使用格式如下。

```
analogWrite(9, 127);    // 在引脚9输出50%占空比的PWM信号
analogWrite(6, 255);    // 在引脚6输出100%占空比的PWM信号
analogWrite(3, 0);      // 在引脚3输出0占空比的PWM信号
```

PWM的工作原理是快速切换引脚的高低电平，通过调节高电平持续时间占整个周期的占空比例来模拟不同的输出电压。虽然实际输出仍是数字信号，但由于切换频率很高（Arduino默认为490赫兹或980赫兹），对许多应用来说，效果等同于模拟输出。

analogWrite函数虽然名为“模拟写入”，但实际上通过数字PWM技术实现，这种巧妙的方法使数字系统能够有效控制需要连续变化的设备。了解PWM原理和analogWrite的特性，掌握其应用技巧，能够开发出丰富的控制项目，从简单的LED调光到复杂的电机控制系统。

Arduino的输入、输出函数构成了硬件控制的基础框架，通过数字和模拟两类接口函数，实现了与外部世界的交互。这些看似简单的函数，却蕴含着丰富的应用可能性，从基础的LED控制到复杂的传感器数据采集，都离不开这些核心功能的支撑。

实际应用示例

示例1：控制LED亮度

通过PWM控制LED亮度的应用如图1-61所示。analogWrite( )函数通过脉宽调制技术实现模拟输出，可在支持PWM的引脚上输出0～255的值，对应0～100%的占空比。通过改变占空比，可以控制LED的亮度从完全熄灭到最亮的渐变效果。这种技术的原理是快速开关LED，利用人眼的视觉暂留效应产生亮度变化的感觉。

```
int ledPin = 9;  // 连接LED的引脚
int brightness = 0;  // LED亮度
int fadeAmount = 5;  // 每次改变的亮度值

void setup() {
  pinMode(ledPin, OUTPUT);
}

void loop() {
  analogWrite(ledPin, brightness);  // 设置LED亮度
  brightness += fadeAmount;  // 增加或减少亮度

  // 反转亮度变化方向
  if (brightness <= 0 || brightness >= 255) {
    fadeAmount = -fadeAmount;
  }

  delay(30);  // 延时30毫秒
}
```

图 1-61　控制 LED 亮度

PWM频率通常在几百赫兹到几千赫兹之间，以确保人眼看不到闪烁。

示例2：读取温度传感器数据

读取温度传感器数据的应用场景如图1-62所示。温度传感器通常输出与温度成比例的模拟电压信号。通过analogRead( )函数读取这个电压值，然后根据传感器的特性曲线将其转换为实际温度值。例如，LM35温度传感器每摄氏度输出10毫伏，通过适当的计算公式就能得到准确的温度读数。这种应用广泛用于环境监测、温控系统等领域。

```
int sensorPin = A0;  // 连接温度传感器的引脚
int sensorValue = 0;  // 传感器读取值
float voltage = 0;  // 电压值
float temperature = 0;  // 温度值

void setup() {
  Serial.begin(9600);  // 初始化串口通信
}

void loop() {
  sensorValue = analogRead(sensorPin);  // 读取传感器值
  voltage = sensorValue * (5.0 / 1023.0);  // 将传感器值转换为电压
  temperature = (voltage - 0.5) * 100;  // 将电压转换为温度

  Serial.print("Temperature: ");
  Serial.print(temperature);
  Serial.println(" C");

  delay(1000);  // 延时1秒
}
```

图 1-62　读取温度传感器数据

Arduino的输入、输出函数是硬件控制的核心接口。数字输入、输出函数包括pinMode配置引脚模式、digitalWrite控制输出、digitalRead读取输入，用于控制LED、按键等二进制设备。模拟输入、输出函数包括analogRead读取0～1023的传感器数值、analogWrite通过PWM输出0～255级变化，实现传感器采集和电机调速。两类函数结合形成“输入—处理—输出”的控制模式，通过读取传感器和按键状态，执行相应的开关动作或渐变控制。了解各函数的原理和限制，如数字信号的二进制特性、ADC精度限制、PWM的方波本质，有助于正确应用。掌握这五个基础函数是开发Arduino项目的关键，通过实践能够构建从简单LED控制到复杂自动化系统的各种应用。

（2）时间函数

Arduino中的时间函数主要用于处理延时、计时和事件触发等。常用的时间函数包括 delay( )、millis( )、micros( ) 和 delayMicroseconds( )。时间控制是程序流程管理的关键，Arduino提供了多种时间函数以满足不同精度需求。下面详细介绍这些函数及其使用方法。

① delay( )函数：delay( )函数的基本应用如图1-63所示。delay( )函数产生毫秒级延时，在延时期间程序会完全暂停执行。这个函数最常见的应用是控制LED闪烁的频率。例如，在点亮LED后延时1000毫秒，然后熄灭LED再延时1000毫秒，就实现了1秒周期的闪烁效果。虽然简单直观，但延时期间程序无法响应其他事件，因此不适合需要同时处理多个任务的场合。

② millis( )函数：使用millis( )函数实现非阻塞延时的方法如图1-64所示。与delay( )不同，millis( )函数返回程序运行以来的毫秒数，不会暂停程序执行。通过记录上次动作的时间戳，并与当前时间比较，可以判断是否达到预定的时间间隔。这种方式允许程序在等待期间执行其他任务。例如，同时控制多个LED以不同的频率闪烁，或者在闪烁LED的同时读取传感器数据。

```
void setup() {
  pinMode(LED_BUILTIN, OUTPUT);
}

void loop() {
  digitalWrite(LED_BUILTIN, HIGH); // 打开LED
  delay(1000);                     // 延时1秒
  digitalWrite(LED_BUILTIN, LOW);  // 关闭LED
  delay(1000);                     // 延时1秒
}
```

图 1-63　delay( ) 函数

```
unsigned long previousMillis = 0;
const long interval = 1000;

void setup() {
  pinMode(LED_BUILTIN, OUTPUT);
}

void loop() {
  unsigned long currentMillis = millis();

  if (currentMillis - previousMillis >= interval) {
    previousMillis = currentMillis;
    digitalWrite(LED_BUILTIN, !digitalRead(LED_BUILTIN));
  }
}
```

图 1-64　millis( ) 函数

函数调用格式为unsigned long millis( )，返回一个无符号长整型数值，表示从程序开始运行到当前时刻的毫秒数。由于返回值类型为unsigned long，当超过其最大值时会溢出归零重新计数。

这个示例程序使用 millis( ) 函数实现每秒闪烁一次LED，而不会阻塞其他代码的执行。

③ micros( )函数：micros( )函数返回Arduino板自启动以来经过的微秒数，其

时间精度是millis( )的1000倍。该函数在需要精确测量时间的应用中发挥着重要作用，特别是在处理高速信号、精密定时控制或测量短时间间隔的场合。

函数调用格式为unsigned long micros( )，返回无符号长整型数值，表示从程序启动到当前时刻的微秒数。由于1毫秒等于1000微秒，micros( )能够测量更短的时间间隔，其最小分辨率通常为4微秒，具体取决于Arduino板的时钟频率。

④ delayMicroseconds( )函数：delayMicroseconds( )函数的应用如图1-65所示。这个函数提供微秒级的延时精度，适用于需要精确时序控制的场合。例如，超声波传感器的触发脉冲通常需要10微秒的高电平，步进电机的脉冲控制也需要微秒级的精度。在示例中，通过500微秒的高电平和500微秒的低电平交替，产生了1千赫兹的方波信号，可用于驱动蜂鸣器或其他需要特定频率信号的设备。

```
void setup() {
  pinMode(LED_BUILTIN, OUTPUT);
}

void loop() {
  digitalWrite(LED_BUILTIN, HIGH);
  delayMicroseconds(500); // 延时500微秒
  digitalWrite(LED_BUILTIN, LOW);
  delayMicroseconds(500); // 延时500微秒
}
```

图 1-65　delayMicroseconds( ) 函数

使用Arduino时间函数需要注意以下几个关键问题。

• 溢出问题是首要考虑因素：millis( ) 约 49 天后溢出归零，micros( ) 仅约 70 分钟后溢出归零。正确处理方法是使用时间差计算而非直接比较，如 (currentTime−previousTime>= interval) 能自动处理溢出。

• 阻塞特性影响程序效率：delay( )和delayMicroseconds( )会暂停程序执行，无法响应输入或执行其他任务。millis( )和micros( )提供非阻塞时间测量，允许程序在等待时继续执行其他操作。

• 精度限制需充分考虑：delayMicroseconds( )在极短延时的精度受处理器速度的影响。micros( )在某些开发板上分辨率可能是4或8微秒而非1微秒。

• 复杂的时间管理可采用高级方案：定时器中断提供硬件级精确定时，能在不影响主程序的情况下周期性地执行任务。外部Timer库简化了多任务调度的实现。状态机模式将任务分解为多个状态，通过时间条件触发转换，避免阻和塞延时。事件驱动编程利用中断机制，减少CPU资源的浪费，提高响应速度。

• 需要根据应用场景选择时间函数：简单顺序控制可用delay( )，多任务处理应采用基于millis( )的非阻塞方式，高精度测量需使用micros( )或定时器中断。实际开发中常组合使用多种技术，如主循环用millis( )管理任务，关键时序用定时器中断，短暂精确延时用delayMicroseconds( )。

正确使用时间函数是开发稳定程序的基础。掌握各函数的特性和适用场景，结合高级编程模式，能构建响应迅速、运行稳定的嵌入式系统。

（3）随机函数

Arduino随机函数包括random( )和randomSeed( )，用于生成伪随机数。random( )有两种形式：random(max)生成0到max-1的整数；random(min,max)生成min到max-1的整数。randomSeed( )初始化种子值，常通过读取悬空引脚噪声获得随机种子。实际应用包括LED随机闪烁、随机延时、数组随机选择等，广泛用于游戏模拟和交互项目。需要注意的是，random( )生成的是伪随机数，不适合安全应用，且上限值不包含在范围内。高级应用可组合多个随机源以提高随机性，并通过数学变换控制分布。随机函数与PWM、舵机等结合能创造丰富的动态效果。

① random( ) 函数：random( ) 函数的基本用法如图 1-66 所示。random( ) 函数可以生成指定范围内的伪随机整数。当提供一个参数时，生成 0 到该参数减 1 的随机数；当提供两个参数时，生成第一个参数到第二个参数减 1 的随机数。例如，在游戏中随机生成敌人的位置、在 LED 矩阵上随机点亮像素点，或者模拟传感器数据的随机波动等应用场景。

```
void setup() {
  Serial.begin(9600);
}

void loop() {
  long randNumber;

  // 生成0到299之间的随机整数
  randNumber = random(300);
  Serial.print("Random number between 0 and 299: ");
  Serial.println(randNumber);

  // 生成50到99之间的随机整数
  randNumber = random(50, 100);
  Serial.print("Random number between 50 and 99: ");
  Serial.println(randNumber);

  delay(1000); // 延时1秒
}
```

图 1-66 random( ) 函数

Arduino的random( )函数都返回长整型（long）数值。值得注意的是，上限值不包含在生成范围内，例如random(10)生成0～9，random(5,10)生成5～9。这种设计便于数组索引等应用场景。

② randomSeed( ) 函数：randomSeed( ) 函数应用示例如图 1-67 所示。如果不设置随机种子，Arduino 每次重启后会产生相同的随机数序列，这在很多应用中是人们不希望看到的。通过读取未连接的模拟引脚，可以获取环境噪声作为种子值。这个噪声是真正随机的，因为它来自电磁干扰和其他不可预测的因素。设置了随机种子后，每次程序运行都会产生不同的随机序列，增加了程序的不可预测性。

```
void setup() {
  Serial.begin(9600);

  // 从未连接的模拟引脚读取随机种子
  int seed = analogRead(0);
  randomSeed(seed);
}

void loop() {
  long randNumber = random(100); // 生成0到99之间的随机整数
  Serial.println(randNumber);
  delay(1000); // 延时1秒
}
```

图 1-67　randomSeed( ) 函数

Arduino随机函数的应用包括模拟游戏中随机敌人的位置和奖励、生成传感器测试数据、创建随机延时以增加不可预测性等。因此在实践中，使用analogRead( )读取未连接的传感器引脚的噪声作为初始化种子，需要确保random( )参数正确，避免超出范围，调试时可用固定种子重现随机序列。高级应用可结合数学函数或算法生成特定分布的随机数，如正态分布，以满足更复杂的随机需求。

随机数在Arduino编程中扮演着重要角色，从游戏开发到数据模拟，从艺术创作到科学实验，随机性为项目增添了不可预测的趣味性和真实感。虽然Arduino的random( )函数本身只能生成整数，但通过巧妙的数学变换，可以满足各种复杂的随机数需求。

实际应用示例

生成浮点数

生成随机浮点数示例如图1-68所示。虽然random( )函数只能生成整数，但通过数学运算可以得到浮点数。例如，将随机整数除以一个适当的值，或者使用map( )函数将整数范围映射到浮点数范围。这在需要模拟连续变化的物理量时特别有用，如模拟温度的微小波动、生成平滑的运动轨迹等。

```
void setup() {
  Serial.begin(9600);
}

void loop() {
  float randFloat;

  // 生成0.0到1.0之间的随机浮点数
  randFloat = random(1000) / 1000.0;
  Serial.print("Random float between 0.0 and 1.0: ");
  Serial.println(randFloat);

  delay(1000); // 延时1秒
}
```

图 1-68 生成随机浮点数示例

Arduino随机函数代码优化时需要注意减少不必要的种子初始化，仅在需要时重新设置种子，以减少计算开销；尽量简化范围计算，直接使用常量或已知变量作为范围参数。Arduino的random( )和randomSeed( )函数通过设置种子和选择范围可生成高质量的伪随机数，适用于从简单模拟到复杂数据生成的各种场景。有效地使用这些函数能增强项目的随机性和不可预测性，提升应用的丰富性和趣味性。

（4）串口通信函数

Arduino的串口通信函数用于开发板与其他设备间的数据传输，通过UART接口实现，常用于调试和数据交换。

主要函数如下。

· Serial.begin( )初始化串口并设定波特率，常用值有9600、115200等，用于打开串口设置通信速率。

· Serial.print( )和Serial.println( )向串口发送数据，区别在于println( )会在末尾添加换行符。

· Serial.read( )读取接收的字节数据，返回0～255的值，无数据时返回-1。

· Serial.available( )检查缓冲区是否有可读数据，返回缓冲区中可读取的字节数。

· Serial.write( )发送二进制数据或字符串，参数可为单个字节或字节数组。

组合使用这些函数可实现Arduino与计算机、传感器、其他微控制器之间的可靠通信。串口通信是Arduino项目中常用的调试和数据交换方式，掌握这些基础函数对开发调试至关重要。

完整的串口通信示例如图1-69所示。程序首先在setup( )函数中初始化串口，设置波特率为9600。在loop( )函数中，程序持续检查是否有数据从串口接收，如果有则读取并回显。这种回显机制常用于测试串口连接是否正常。同时，程序也可以主动向串口发送数据，如传感器读数、程序状态等。串口监视器是Arduino IDE提供的重要调试工具，通过它可以实时查看Arduino发送的数据，也可以向Arduino发送命令。

```
void setup() {
  // 初始化串口通信，波特率9600
  Serial.begin(9600);
}

void loop() {
  // 如果有串口数据可读
  if (Serial.available() > 0) {
    // 读取数据
    char receivedChar = Serial.read();

    // 打印接收到的数据
    Serial.print("Received: ");
    Serial.println(receivedChar);

    // 回显数据
    Serial.write(receivedChar);
  }

  // 发送字符串到串口
  Serial.println("Hello from Arduino!");

  // 延时1秒
  delay(1000);
}
```

图 1-69　串口通信示例

Arduino高级串口通信包括多串口支持、串口事件和自定义协议。Mega 2560等开发板具有多个串口（Serial1、Serial2、Serial3），可同时与多个设备通信。SerialEvent( )函数处理异步串口事件，类似于中断机制。对于复杂的应用，可设计自定义通信协议，实现数据包传输、校验和错误处理。

需要注意的是，确保Arduino和通信设备的波特率匹配；串口缓冲区容量有限，需要避免数据溢出；在实时应用中，需要处理数据同步和延迟问题。

串口通信是Arduino调试的重要工具，配合计算机串口监视器或终端软件可实时查看输入、输出，快速定位问题。Arduino串口通信函数简化了设备间的数据交换，支持从基础传输到复杂协议的实现。掌握这些功能对Arduino开发至关重要，持续实践和优化能提高通信效率和可靠性。

（5）中断函数

Arduino的中断函数是处理异步事件的强大工具，允许响应外部或内部触发事件而无须持续轮询，从而提升系统响应速度和效率，尤其适用于实时应用。中断是通知处理器立即停止当前执行流并转而执行中断服务程序（ISR）的信号，处理完成后，程序恢复执行。

Arduino支持外部中断和定时器中断两种类型。外部中断由按下按钮等外部事件触发，定时器中断由内部定时器触发，用于周期性任务。

主要外部中断函数如下。

· attachinterrupt( )配置外部中断，参数包括digitalPintointerrupt(pin)转换引脚号为中断号、ISR中断服务程序、mode触发模式（LOW低电平、CHANGE电平变化、RISING上升沿、FALLING下降沿）。

· detachinterrupt( )用于禁用指定中断，参数为digitalPintointerrupt(pin)。

中断机制让Arduino能实时响应关键事件，避免轮询造成的延迟和资源浪费，是实现高效实时控制的关键技术。

外部中断的典型应用如图1-70所示。在这个示例中，按钮连接到支持中断的引脚，当按钮被按下时触发中断。中断服务程序（ISR）会立即执行，改变LED的状态。这种方式比在loop( )中不断检查按钮状态更加高效，特别是在程序需要执行其他耗时任务时。中断可以设置为不同的触发模式：上升沿触发适合检测按钮按下；下降沿触发适合检测按钮释放；电平变化触发则两者都能检测。

```
const int buttonPin = 2; // 外部中断引脚
const int ledPin = 13;   // LED引脚
volatile bool ledState = false; // 使用volatile关键字

void setup() {
  pinMode(buttonPin, INPUT_PULLUP); // 设置按钮引脚为输入并启用上拉电阻
  pinMode(ledPin, OUTPUT);          // 设置LED引脚为输出
  attachInterrupt(digitalPinToInterrupt(buttonPin), toggleLED, FALLING);
}

void loop() {
  digitalWrite(ledPin, ledState); // 根据中断改变LED状态
}

void toggleLED() {
  ledState = !ledState; // 切换LED状态
}
```

图 1-70 外部中断

Arduino中断函数是处理异步事件的核心机制，它使微控制器能够立即响应外部或内部触发事件，而无须在主循环中持续轮询检测。当中断事件发生时，处

理器会暂停当前正在执行的代码，跳转到中断服务程序（ISR），执行相应的处理逻辑，完成后再返回原来的执行点继续运行。这种机制极大地提升了系统的实时响应能力和整体效率。

Arduino支持两种主要的中断类型：外部中断和定时器中断。外部中断由外部硬件事件触发，如按钮按下、传感器信号变化等，通过attachinterrupt( )函数配置，可以设置为LOW（低电平）、CHANGE（电平变化）、RISING（上升沿）或FALLING（下降沿）等不同的触发模式。定时器中断则由Arduino内部的硬件定时器触发，用于实现精确的周期性任务。Arduino Uno拥有Timer0、Timer1和Timer2三个定时器，虽然配置相对复杂，需要直接操作寄存器，但能实现微秒级的精确定时控制。

在使用中断时需要特别注意几个关键点：中断服务程序必须保持简洁高效，避免使用delay( )函数或进行串口通信等耗时操作；ISR中使用的全局变量必须声明为volatile类型，以防止编译器优化导致数据不一致；外部中断的优先级高于定时器中断；Arduino不支持中断嵌套，在ISR执行期间不会响应其他中断。合理运用中断机制能够开发出响应迅速、运行高效的实时控制系统，是Arduino编程中不可或缺的高级技术。

（6）其他函数

Arduino的tone( )和noTone( )函数用于生成和控制方波信号，主要用于蜂鸣器发声控制。

① tone( )函数：在指定引脚生成方波信号，产生特定频率的声音。它有两种用法：tone（pin, frequency）生成持续的声音，tone（pin, frequency, duration）生成定时声音。参数包括pin（输出引脚）、frequency（频率，单位：赫兹）、duration（可选的持续时间，单位：毫秒）。如果不指定duration，声音将持续到调用noTone( )。

② noTone( )函数：停止指定引脚的方波信号输出，用法为noTone(pin)，参数pin为要停止信号的引脚。

这两个函数配合使用可以实现各种声音效果，包括简单的提示音、报警声、音乐旋律等。tone( )函数通过改变频率参数可以产生不同的音调，包括从低音到高音的完整音域。在实际应用中，可以创建音符数组存储旋律，通过循环播放实现音乐效果。需要注意的是，tone( )函数同时只能在一个引脚上生成信号，如果需要同时播放多个音，需要使用其他方法。这些函数简化了声音生成的复杂性，让Arduino项目能够轻松添加音频反馈功能。

Arduino的声音生成功能为嵌入式项目增添了听觉效果，通过tone( )和noTone( )函数，可以轻松实现从简单的蜂鸣提示到复杂的旋律演奏。这些函数虽然简单，却能创造出丰富的音频效果，在人机交互、报警系统、娱乐项目等领域发挥了重要作用。

实际应用示例

使用tone( )函数生成声音的基本示例如图1-71所示。程序在指定引脚上生成1000赫兹的方波信号，持续1秒后停止。这个频率在人耳可听范围内，会产生清晰的蜂鸣声。tone( )函数的非阻塞特性意味着声音生成后程序可以继续执行其他任务，不像delay( )那样暂停整个程序。这在需要同时处理多个任务的应用中特别有用。

```
const int buzzerPin = 8;

void setup() {
  // 在引脚 8 上生成 1000 Hz 的声音，持续 1 秒
  tone(buzzerPin, 1000, 1000);
}

void loop() {
  // 不需要在 loop 中重复
}
```

图 1-71 示例代码

连续播放不同频率以产生音阶效果的代码如图1-72所示。通过依次生成不同频率的声音，可以演奏简单的旋律。音乐中的每个音符对应特定的频率。例如，中央C约为262赫兹、D为294赫兹等。通过数组存储这些频率值，配合适当的时序控制，就能演奏出完整的曲子。这种技术常用于制作音乐盒、报警器的多音调警报，或者为用户操作提供音频反馈。

```
const int buzzerPin = 8;

void setup() {
  int melody[] = {262, 294, 330, 349, 392, 440, 494, 523}; // C4 - C5 音阶
  int noteDuration = 500; // 每个音符持续时间

  for (int i = 0; i < 8; i++) {
    tone(buzzerPin, melody[i], noteDuration);
    delay(noteDuration + 50); // 增加间隔时间
  }

  noTone(buzzerPin); // 停止声音
}

void loop() {
  // 不需要在 loop 中重复
}
```

图 1-72 连续播放不同频率

在使用Arduino的tone( )和noTone( )函数时，有几个重要限制和特点需要注意。

在使用限制方面，tone( )函数不能在使用PWM的引脚上正常工作，会产生冲突；同一时间只能在一个引脚上生成声音，如果在另一个引脚调用tone( )，则之前的声音会被自动覆盖。tone( )函数是非阻塞的，调用后程序会继续执行其他任务，不会等待声音播放完成，这使得程序可以在播放声音的同时处理其他逻辑。

主要应用场景包括：警报系统中发出不同频率的警告声音，通过改变频率和持续时间创建紧急程度不同的提示；音乐播放功能可以通过编程音符序列实现简单的旋律，适合制作音乐盒、门铃等项目；在用户反馈系统中，用声音提示操作成功、错误或状态变化，以提升交互体验。

了解这些特性和限制有助于正确使用tone( )和noTone( )函数。在实际项目中，可以结合定时器、中断等技术实现更复杂的声音效果，如渐变音调和弦模拟等。这些函数虽然简单，但为Arduino项目添加声音功能提供了便捷的解决方案，大大提升了项目的互动性和实用性。

（7）EEPROM 基础

Arduino的EEPROM（电可擦除可编程只读存储器）是非易失性存储器，掉电后仍能保留数据，适合存储配置参数、校准值等重要数据。

基本读写函数包括EEPROM.read( )和EEPROM.write( )。EEPROM.read( )从指定地址读取一个字节，用法为byte value = EEPROM.read(address)，address范围从0到EEPROM容量减1。EEPROM.write( )向指定地址写入一个字节，用法为EEPROM.write(address, value)。

EEPROM.update( )是优化的写入函数，仅在新数据与原数据不同时才执行写入操作，避免不必要的写入，可延长EEPROM寿命（通常写入次数限制为10万次）。用法与EEPROM.write( )相同，即EEPROM.update(address, value)。

高级函数EEPROM.put( )和EEPROM.get( )支持任意数据类型的存储。EEPROM.put( )可以直接写入整数、浮点数、结构体等复杂的数据类型，用法为EEPROM.put(address, data)。EEPROM.get( )用于读取这些数据类型，用法为EEPROM.get(address, data)，其中data是存储读取值的变量。

使用EEPROM时需注意容量限制（Arduino Uno为1千字节），合理规划地址空间，优先使用EEPROM.update( )而非EEPROM.write( )以延长存储器寿命。

这些函数让Arduino能够实现数据持久化存储，这对需要保存用户设置、运行参数的项目至关重要。

```
#include <EEPROM.h>

void setup() {
  Serial.begin(9600);

  // 写入数据到地址 0
  EEPROM.write(0, 123);

  // 读取地址 0 的数据
  byte value = EEPROM.read(0);
  Serial.print("Stored value: ");
  Serial.println(value);
}

void loop() {
  // 不需要在 loop 中执行
}
```

图 1-73　读取和写入 EEPROM

如图1-73所示的程序展示了EEPROM的基本读写操作，演示了如何将数据写入EEPROM的特定地址，以及如何从该地址读取数据。EEPROM的每个地址可以存储1字节（0～255）。写入操作会永久保存数据，即使Arduino断电重启，数据依然存在。这个特性使EEPROM成为存储用户设置、校准参数、运行计数等重要数据的理想选择。需要注意的是，EEPROM的写入次数有限，因此应该使用EEPROM.update( )函数代替EEPROM.write( )函数，它只在数据真正改变时才执行写入操作，从而延长EEPROM的使用寿命。

Arduino EEPROM使用的关键注意事项对项目的可靠性和长期稳定性至关重要。

写入次数是EEPROM最重要的限制，每个存储单元通常只能承受约10万次写入操作，超过该次数后可能导致数据损坏。因此应优先使用EEPROM.update( )函数，它会先读取当前值，仅在数据实际改变时才执行写入操作，从而大幅减少不必要的写入操作。在频繁更新的应用中，可以采用循环使用多个地址的策略，分散写入操作，延长整体使用寿命。

在数据类型处理方面，EEPROM.get( )和EEPROM.put( )函数支持复杂数据类型的存储，包括整数、浮点数、数组、结构体等。这比传统的逐字节读写更加便捷、高效。使用时需要确保读写的数据类型匹配，并为每个数据预留足够的存储空间，避免地址重叠导致数据被覆盖。

在实际应用中，EEPROM适合存储配置参数、校准值、用户设置、运行统计等不频繁变化但需要掉电保存的数据。建议建立地址映射表管理存储空间，添加数据校验机制以确保数据的完整性，对关键数据进行冗余存储以提高可靠性。通过合理地规划和使用这些函数，可以充分发挥EEPROM在Arduino项目中的数据持久化存储功能，确保系统参数和用户数据的安全保存。

1.5 常用开发工具与资源概览：IDE、调试工具、开源库

在开源硬件与AI的融合开发中，合理选择工具能显著提升效率。完整的工具链涵盖开发环境、调试工具、开源库和学习资源。

Visual Studio Code轻量且扩展丰富，支持多语言开发。PlatformIO扩展适合嵌入式开发，Remote-SSH支持远程开发；Arduino IDE界面直观，内置串口监视器，2.x版本功能更强大；Thonny适合Python初学者和树莓派开发；PyCharm是专业的Python IDE，适合复杂的AI项目。

调试工具必不可少。串口监视器（如PuTTY）用于通信调试；逻辑分析仪（如Saleae Logic）用于分析信号时序；使用Wireshark等网络工具可以跟踪通信会话；htop用于监控系统资源，vcgencmd用于查询树莓派的状态。

开源库大幅减少重复开发。硬件控制有RPi.GPIO、Arduino Servo等；通信协议库包括Wire、Wi-Fi、MQTT客户端等；AI库有TensorFlow Lite，OpenCV用于推理，TensorRT用于优化模型；数据处理用NumPy、Pandas，可视化用Matplotlib、Plotly。

官方文档是权威参考。Raspberry Pi和Arduino文档提供硬件编程指南，TensorFlow Lite文档包含部署方法。

选择合适的工具对项目成功至关重要。技术快速发展，我们需保持学习，关注社区动态。合理运用这些资源，才能构建高性能AI应用，加速项目落地。

第2章

核心技术篇

接下来将系统介绍了六大关键领域：DeepSeek 模型部署与优化、树莓派系统配置与优化、Arduino 传感器与执行器应用、数据采集与处理方案、硬件通信协议及边缘计算实现方案。学习这些内容后，你能在资源受限的设备上优化 AI 模型、提升硬件性能、用传感器实现环境交互、设计高效数据处理流程、用通信协议构建系统架构，以及实现平衡性能与功耗的边缘计算方案。通过技术原理、配置指南和代码示例，助你构建完整的技术体系，为实战项目打下基础。

2.1 DeepSeek模型部署基础

开源硬件平台实现AI功能的关键在于模型部署。将DeepSeek模型从训练环境迁移到边缘设备需要克服多项技术难题并采用相应的优化方案。

模型部署是将训练好的AI模型转换为可在目标硬件上运行的形式。在边缘计算中，部署效果直接影响系统响应速度和资源使用效率。

DeepSeek模型具有显著优势。本地推理可以大幅降低延迟，适合需要快速响应的场景。离线运行增强了系统的稳定性，本地处理保护了数据隐私，特别适合医疗、金融等敏感领域。相比于云端方案，本地部署降低了运营成本，支持灵活定制。

步骤1：选择合适的模型。

部署流程包含多个环节。首先根据应用需求选择模型架构，收集、处理数据，完成模型训练和验证。优化阶段通过剪枝去除冗余参数，通过量化降低计算精度、知识蒸馏将大模型的能力转移到小模型。这些技术共同减少了模型大小和计算需求。

在使用Ollama部署本地大语言模型之前，需要根据设备的硬件配置选择合适的模型。Ollama官方网站提供了丰富的本地模型选择，用户可以通过Ollama Search功能浏览和查找适合的模型。选择下载Windows版本，下载完成后，双击压缩包进行安装。

步骤2：下载并安装Olloma。

Ollama官网首页界面顶部包括“文档”“社区”等入口。主体区域以简洁的横幅图像突出平台的核心功能，并提供“立即下载”按钮，引导用户获取本地安装包。此页面的主要目的是让访问者快速了解 Olloma 的定位与优势，并可直接跳转至下载页面（见图2-1）。

单击“Download”按钮后，进入包含多个平台下载选项的页面。此处选择 Windows版本（见图2-2），单击对应的下载链接后，浏览器开始下载名为“Ollama Setup.exe”的安装程序文件，并展示文件大小、下载进度及系统兼容性提示，帮助用户确认下载内容是否适用于当前操作系统。

文件下载完成后，在本地的默认下载文件夹中可以看到“Ollama Setup”（见图2-3）程序文件。此时即可双击该安装程序文件进行后续的安装操作。

图 2-1　下载页面

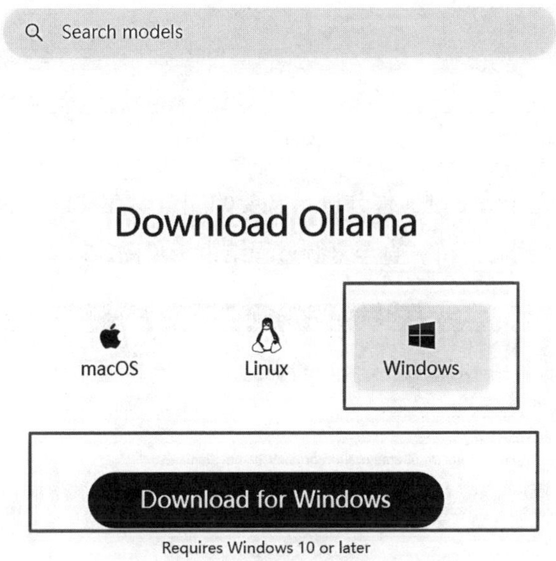

图 2-2　下载 Windows 版的 Ollama

图 2-3　下载后的安装程序文件

双击安装程序文件后，弹出安装向导。用户需要阅读并同意软件许可协议，然后单击“Install（安装）”按钮（见图2-4）。

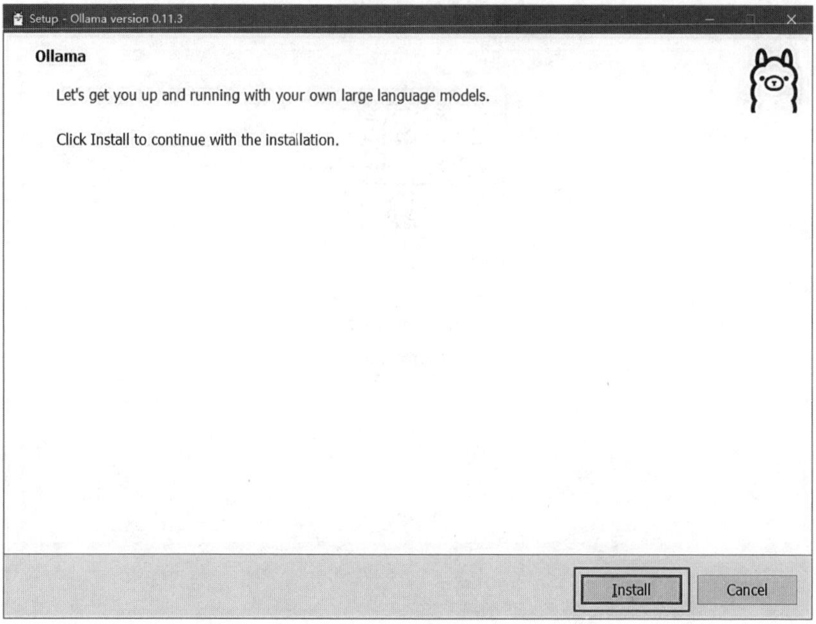

图 2-4　进行安装

此时，系统开始复制文件并进行必要的配置。在“Installing”界面中会展示进度条，用户只需耐心等待，直至复制过程结束（见图2-5）。

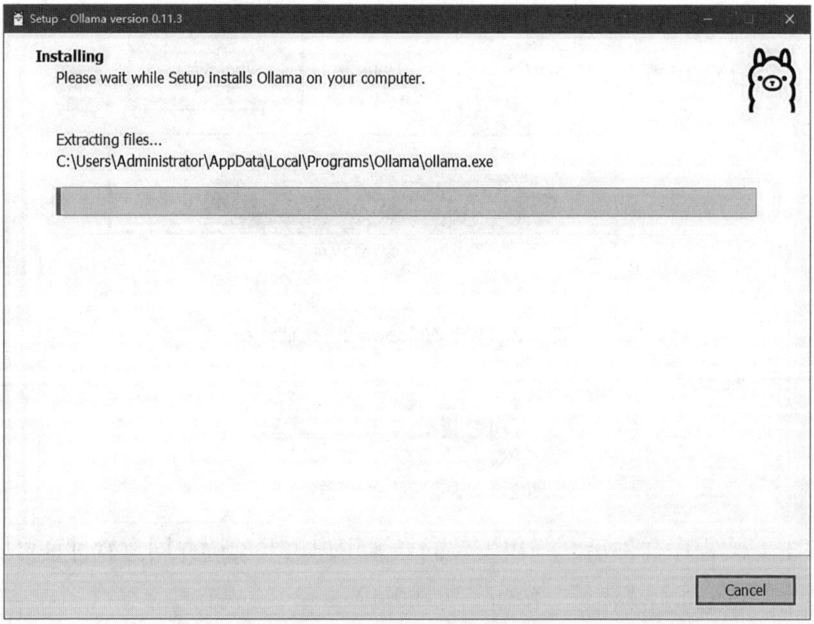

图 2-5　显示安装进度条

安装完成后，即可将Ollama 成功写入系统（见图2-6）。

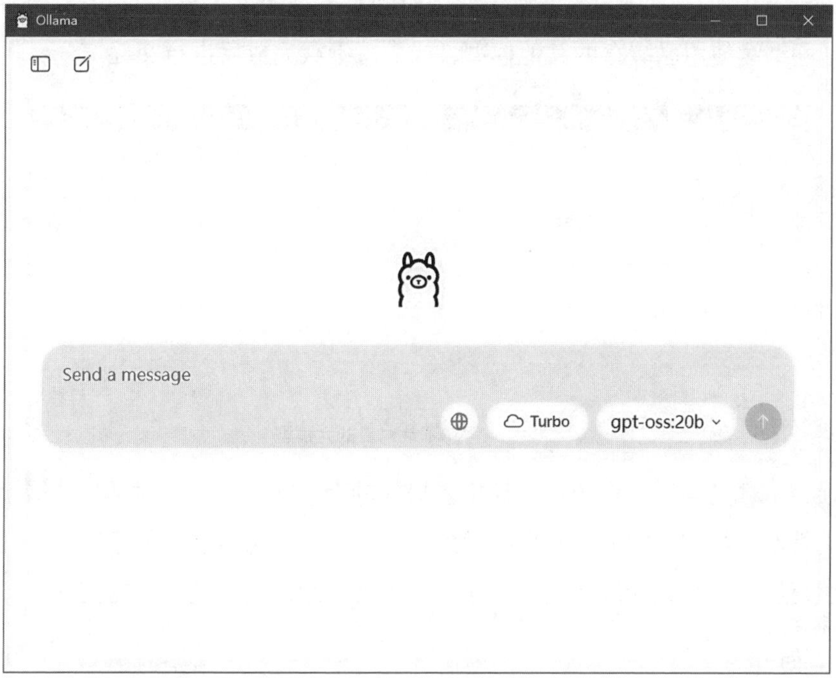

图 2-6 完成安装

步骤3：启动Ollama客户端。

首次启动Ollama客户端，系统托盘（桌面右下角）会出现Ollama的图标（见图2-7）。单击该图标可打开主界面，展示模型管理与交互面板。该面板中列出了已安装或即将下载的模型列表，帮助用户快速定位所需模型。

图 2-7 完成安装后，右下角生成的图标

方法1：直接下载大模型。

在主界面的模型下拉列表框中，选中目标大模型，在输入框中输入提问内容。例如输入“DeepSeek是什么”。完成输入后，单击“发送”按钮，系统即向选定模型发起推理请求（见图2-8）。

图 2-8 发起推理请求

若所选模型尚未在本地缓存中，系统会自动开始下载。下载进度条在界面上实时更新，展示已下载的数据量、剩余时间及下载速度（见图2-9）。用户可以在此期间继续使用已缓存的其他模型，或等待下载完成后进行交互。

图 2-9　等待下载对应的大模型

模型下载完毕后，系统将自动恢复提问的上下文，随后在对话框中展示模型生成的答案（见图2-10）。答案以段落形式呈现，排版清晰，便于阅读。此页面还提供复制、保存或继续提问等操作按钮，支持用户进行进一步的交互。

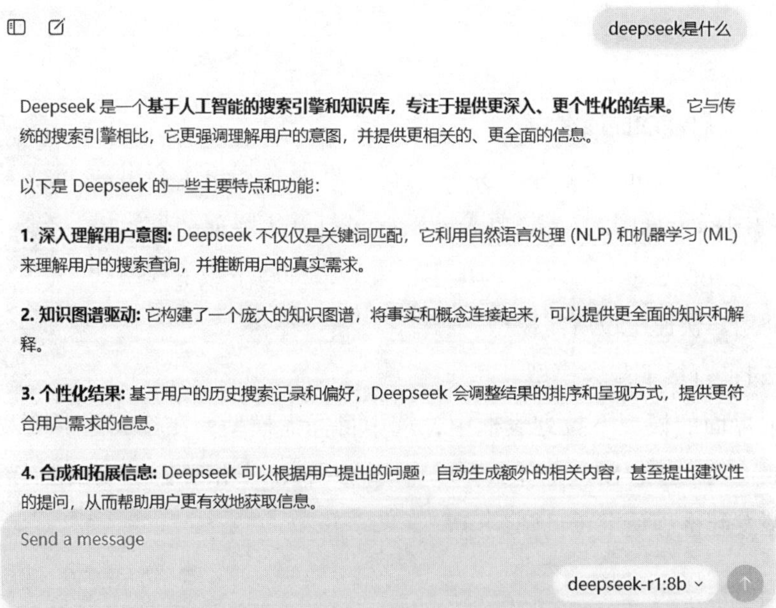

图 2-10　下载完成后的页面并且回答提出的问题

方法2：在终端启动大模型。

在选择模型时，设备内存是需要考虑的关键因素。对于配备4兆字节内存的树莓派设备，建议选择不超过2b参数量级的大模型，这样可以确保模型能够稳定运行而不会因为内存不足导致系统崩溃。如果使用的是8兆字节内存的树莓派，则可以尝试运行参数量更大的模型，最大可以选择7b参数量级的大模型。

下载本地化模型的操作非常简单，只需使用以下命令格式。

```
ollama pull 模型名称：量级
```

这个命令会从Ollama的模型仓库中下载指定的模型到本地设备。以Gemma3的1b模型为例，具体的下载命令如下。

```
ollama pull gemma3:1b
```

执行这个命令后，系统会开始下载Gemma3模型的1b版本。下载过程的时间长短取决于网络速度和模型文件的大小。

模型下载完成后，就可以在本地运行了。启动模型的命令格式如下。

```
ollama run 模型名称：量级
```

这个命令会在终端环境中启动指定的大语言模型，并使其进入交互模式。用户可以直接在终端与模型进行对话，输入问题并获得模型的回答。

如果模型能够成功启动并且可以正常回答用户提出的问题，表明离线大模型已经成功安装并配置完毕。此时，即使在没有网络连接的情况下，也可以使用这个本地部署的大语言模型进行各种自然语言处理任务。

通过这种方式部署的本地模型具有响应速度快、数据隐私性好、不依赖网络连接等优势，特别适合对数据安全有较高要求或者网络环境不稳定的使用场景。

模型转换将训练格式转为部署格式，并针对硬件特性进行优化。部署时需在设备上配置推理环境，加载模型并与系统集成。后续通过实时监控推理效率，收集运行数据，定期更新维护，以确保系统长期稳定运行。

通过系统化部署，DeepSeek模型能在资源有限的边缘设备上高效运行，为智能硬件提供可靠的AI能力支持。这种本地化AI方案既保证了性能，又兼顾了成本和隐私保护，推动了AI技术在各领域的实际应用。

2.2 树莓派系统配置与优化

树莓派作为开源硬件与AI结合的重要平台，其系统性能直接影响AI应用的运行效果。通过合理的系统配置与优化，可以显著提升树莓派的计算效率、稳定性和能效，为DeepSeek等AI框架提供更好的运行环境。下面将详细讲解树莓派系统从操作系统选择到电源管理等多方面知识，帮助开发者充分发挥硬件的潜力。

步骤1：下载与安装树莓派镜像烧录软件。

第一步是访问树莓派官方网站，获取必要的软件工具（见图2-11）。在官网的软件栏目中，需要找到并下载Raspberry Pi Imager烧录工具。这款官方提供的工具是将操作系统安装到SD卡的关键软件，它提供了友好的图形界面，即使是新手也能轻松完成系统烧录过程。这是整个树莓派设置过程的起点，确保用户下载的是最新版本，以获得较好的兼容性和功能支持。

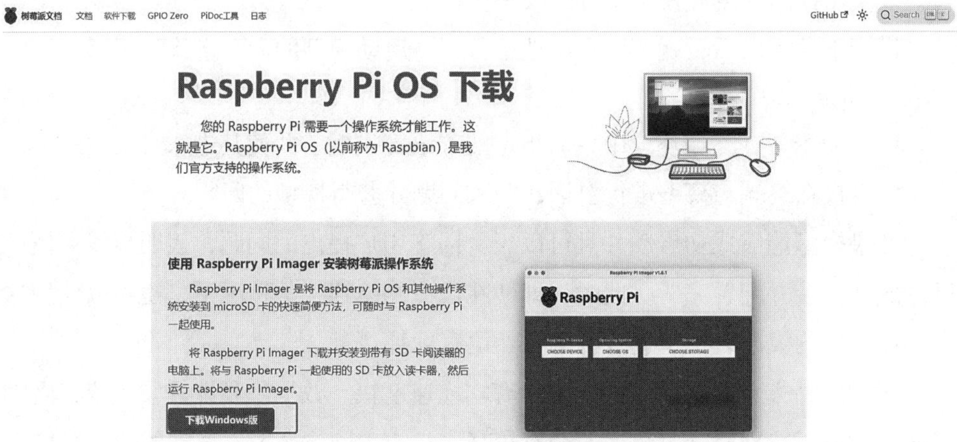

图 2-11　下载树莓派软件

下载完成后，用户需要在计算机上找到刚刚下载的树莓派镜像烧录工具安装文件。这个文件通常位于“下载”文件夹中，文件名类似于“rpi-imager_x.x.x”，其中x.x.x代表版本号（见图2-12）。找到后，会看到一个可执行文件，双击它开始安装。安装完成后才能进行后续的SD卡系统烧录操作。

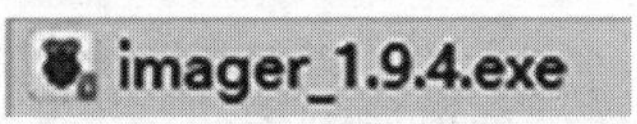

图 2-12　下载后的安装文件

双击安装文件后，系统会打开安装向导，首先展示的是语言选择界面（见图2-13）。在这个界面中，用户需要从下拉列表中选择安装过程中使用的语言，这将决定安装向导中展示的所有文本的语言。选择一种自己熟悉的语言，以确保能够准确理解后续安装步骤中的所有说明和选项。选择完成后，单击“OK”按钮，继续安装进程。

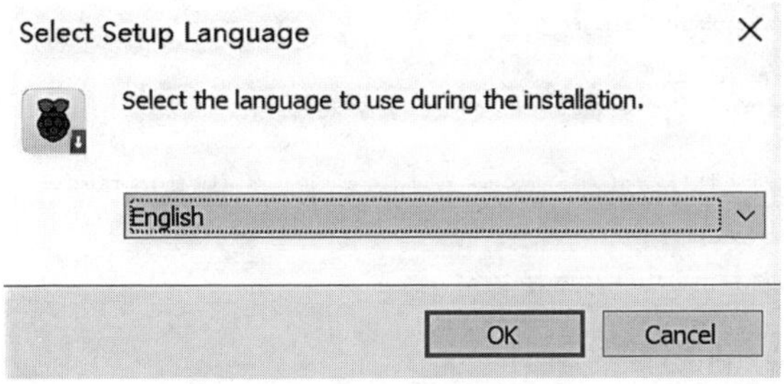

图 2-13　选择语言界面

在语言选择完成后，程序将进入正式的安装界面。这个界面通常会展示软件的名称、版本和一些基本信息。此时需要单击“Next”按钮来启动实际的安装过程（见图2-14）。单击此按钮后，系统将开始准备文件并配置必要的组件，为软件的安装做好准备。这是安装过程中的关键一步，确认安装后，软件将开始向用户的计算机写入必要的文件。

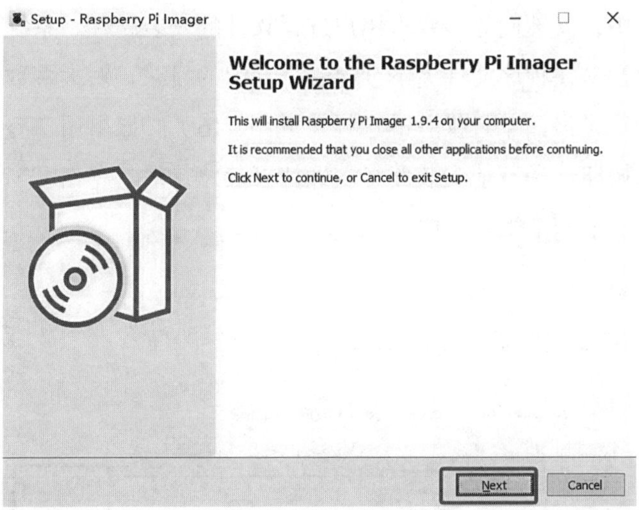

图 2-14　进行安装

在安装过程中，可以看到软件许可协议界面。这个界面展示了使用该软件时必须遵守的条款和条件。用户需要仔细阅读这些协议内容，然后勾选“I accept the agreement”或类似的选项来确认接受这些条款（见图2-15）。只有接受许可协议后，安装过程才能继续。确认同意后，单击“Next”按钮继续安装过程，进入下一个配置步骤。

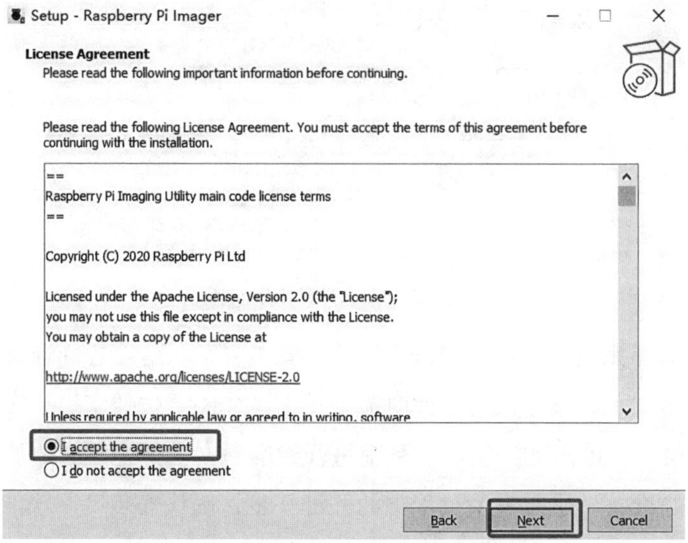

图 2-15　同意协议并进行下一步

在这一步中，安装向导会要求用户选择软件的安装路径。系统会展示默认的安装路径，通常是在程序文件夹下创建一个专门的目录。对大多数用户来说，保留这个默认路径是最简单且推荐的选择（见图2-16）。如果用户有特殊需求，也可以通过浏览按钮选择其他安装路径。确认安装路径后，单击“Next”按钮继续安装过程，进入下一个配置阶段。

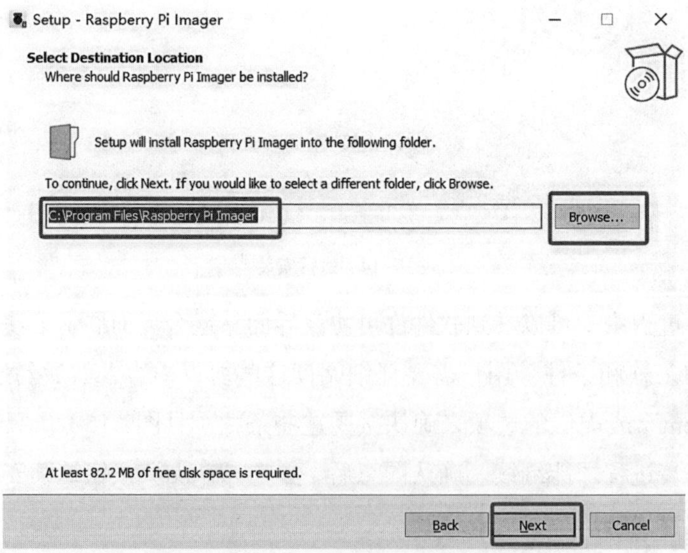

图 2-16　安装到指定文件夹

在这个界面中，安装向导询问用户是否希望在桌面上创建该软件的快捷方式。创建桌面快捷方式可以让我们日后更方便地启动这个程序，而不必每次都通过“开始”菜单或文件资源管理器查找。建议勾选此复选框，特别是如果计划经常使用这个烧录工具。此外，有些安装向导还会询问是否创建“开始”菜单快捷方式或其他相关设置。完成选择后，单击“Next”按钮继续安装（见图2-17）。

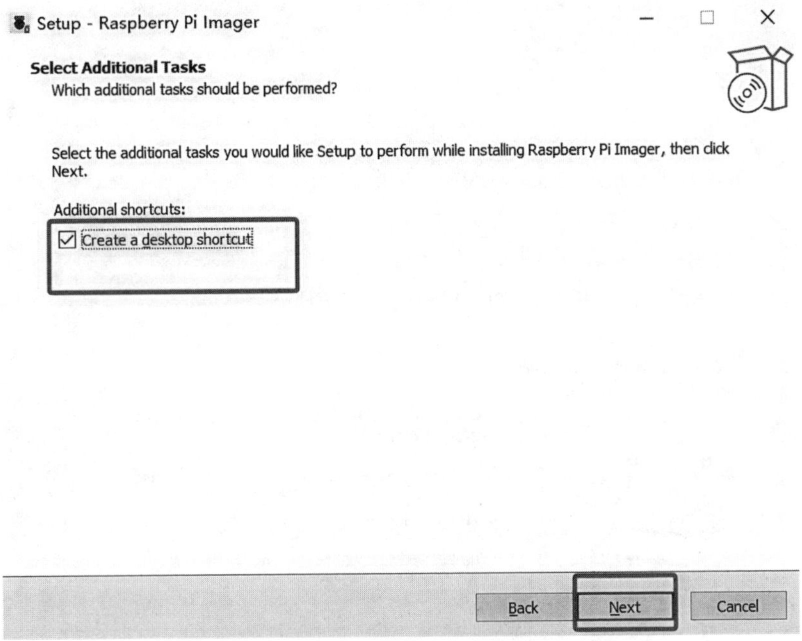

图 2-17　在桌面生成快捷方式

然后进入一个带有进度条的界面，展示安装正在进行中（见图2-18）。在这个阶段，安装程序正在将必要的文件复制到用户选择的安装位置，并进行必要的配置。这个过程可能需要几分钟，具体取决于计算机性能和选择的安装选项。在安装过程中，只需耐心等待进度条完成，不需要进行任何操作。请勿中断安装过程，以免造成软件安装不完整。

当安装进度条达到100%后，将看到安装完成界面。这个界面通常会展示“安装已完成”或类似的成功消息，表示树莓派镜像烧录工具已成功安装到计算机中。在这个界面中，需要单击“Finish”按钮来结束安装向导（见图2-19）。根据安装程序的设置，有些安装完成界面还会提供立即启动软件选项，用户可以根据需要选择是否立即启动烧录工具。

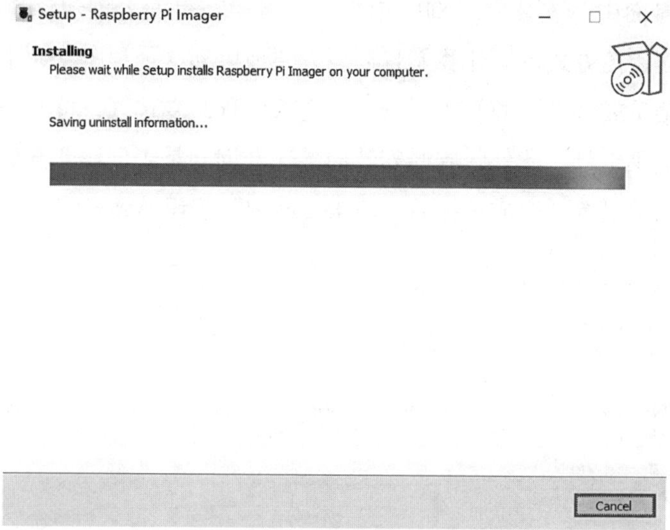

图 2-18　等待安装完成

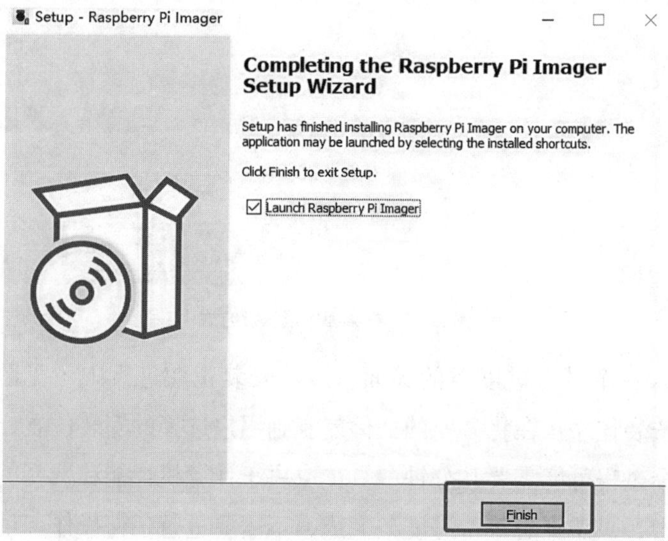

图 2-19　完成安装

步骤2：使用树莓派镜像烧录器准备SD卡。

成功安装后，从桌面快捷方式或“开始”菜单启动树莓派镜像烧录器。打开后，将看到软件的主界面，上面有三个主要选项（见图2-20）：CHOOSE DEVICE（选择设备）、CHOOSE OS（选择操作系统）和CHOOSE STORAGE（选择存储）。这是烧录过程的起点，用户需要按顺序完成这三个步骤才能开始系统烧录。界面设计直观、清晰地指引用户完成整个操作过程。现在用户需要按照提示依次进行选择。

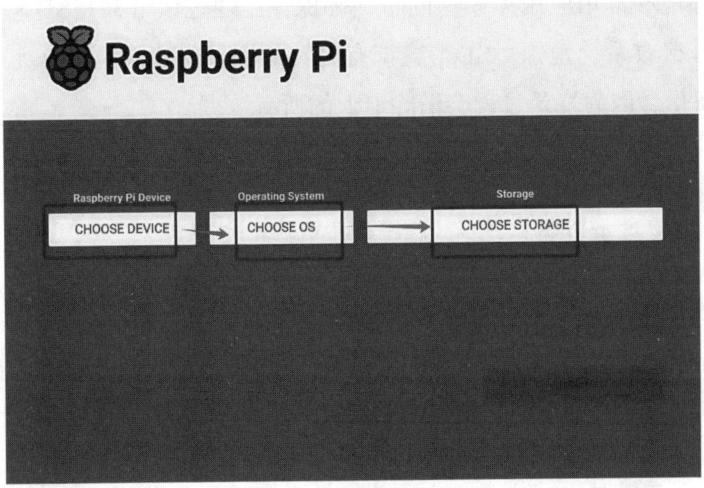

图 2-20 打开树莓派软件

在这一步，用户需要从设备选择列表中找到并单击“Raspberry Pi 5”选项（见图2-21）。正确选择设备型号非常重要，因为不同型号的Raspberry Pi需要不同版本的操作系统或特定的配置选项。选择树莓派5后，软件会自动筛选出兼容的操作系统版本，确保用户接下来选择的系统版本能够正常运行在Raspberry Pi 5硬件上，这一步是确保系统与硬件兼容性的关键环节。

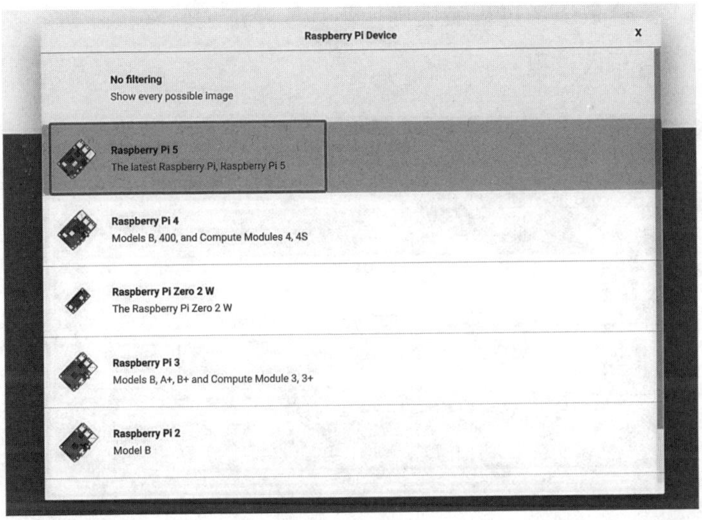

图 2-21 选择相对应的 Raspberry Pi 5

在选择了设备型号后，单击“CHOOSE OS”选项来选择操作系统。在弹出的操作系统列表中，建议选择如图2-22所示的选项，这是官方推荐的操作系统，包含桌面环境和常用应用程序。同时，确保你已通过读卡器将SD卡连接到计算机，准备好接收系统镜像。SD卡应该有足够的容量（建议至少16兆字节），并且内容已备份，因为烧录过程会清除卡上的所有数据。

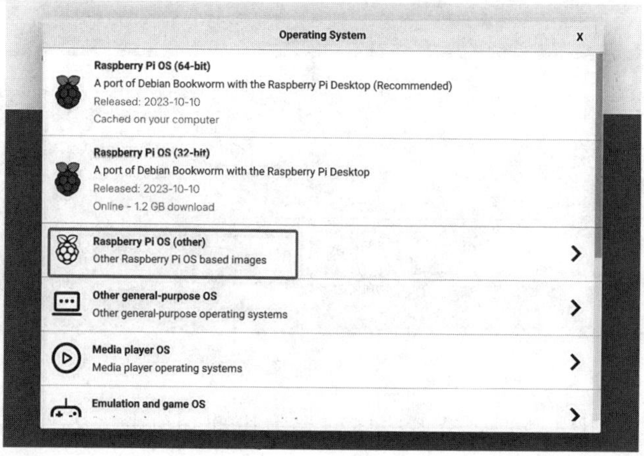

图 2-22　选择操作系统

在这个步骤中，系统会弹出一个警告对话框，提醒用户烧录过程将清除SD卡上的所有数据。这是一个重要的安全提示，确保你已经备份了SD卡上的所有重要数据。如果确认SD卡中的所有数据可以被清除，单击“YES”按钮继续（见图2-23）。这是烧录过程最后确认步骤，单击后软件将开始下载选定的操作系统镜像并准备写入过程。

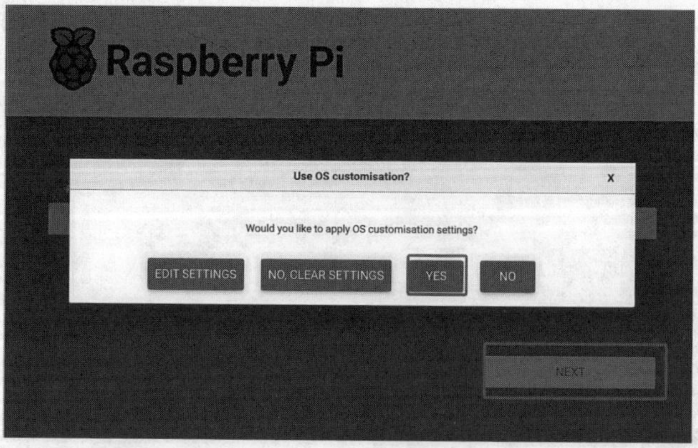

图 2-23　单击“YES”按钮，并单击“NEXT”按钮

在开始烧录前，软件提供了自定义设置选项。在这个界面中，用户可以设置树莓派的主机名，这是网络上用于识别树莓派的名称。默认主机名通常是raspberrypi，但用户可以根据需要更改为更具描述性的名称，特别是在有多个树莓派设备的情况下。主机名应该简短易记，且只使用字母、数字和连字符。设置完成后，单击“SAVE（保存）”按钮保存此项设置并继续下一步配置（见图2-24）。

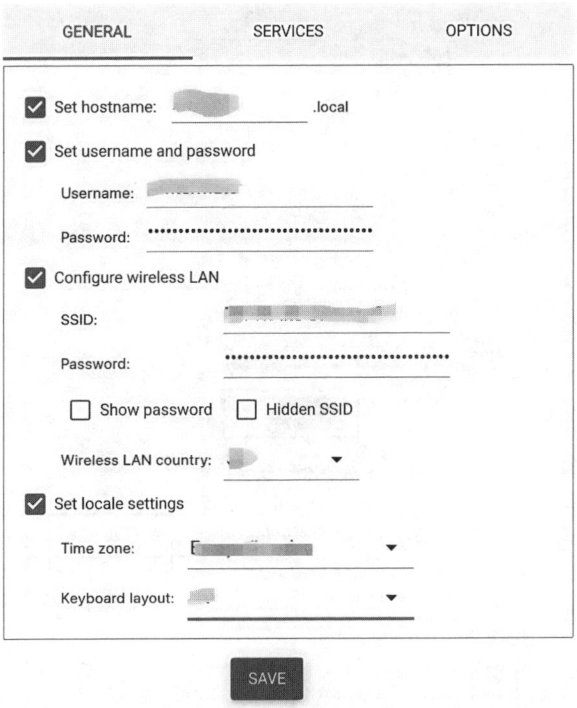

图 2-24　进行普通设置

在这个界面中，用户需要设置用户名和密码，这些凭据将用于登录树莓派系统。默认用户名通常是pi，但为了安全考虑，建议更改为个性化的用户名。密码是强密码设置要求，包含字母、数字和特殊字符的组合，以提高安全性。请务必记住这些凭据，因为它们将用于系统登录和执行需要管理员权限的操作。设置完成后，单击“SAVE”按钮，保存这些重要的安全设置（见图2-25）。

在这个配置界面中，用户可以设置更多高级选项，如Wi-Fi连接信息（网络名称和密码）、时区、键盘布局和系统语言等（见图2-26）。用户还可以选择是否启用SSH（安全外壳）服务，这对于远程访问树莓派非常有用。如果用户计划在没有连接展示器的情况下使用树莓派（无头模式），启用SSH是必要的。根据自己的需求配置这些选项，然后单击“SAVE”按钮确认并保存这些设置。

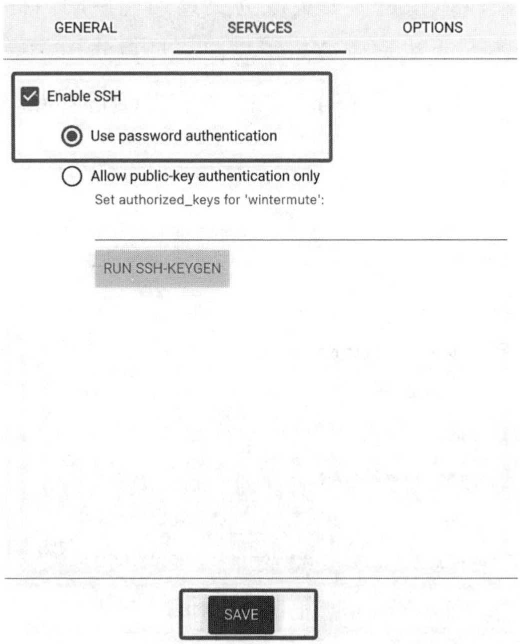

图 2-25　安全设置

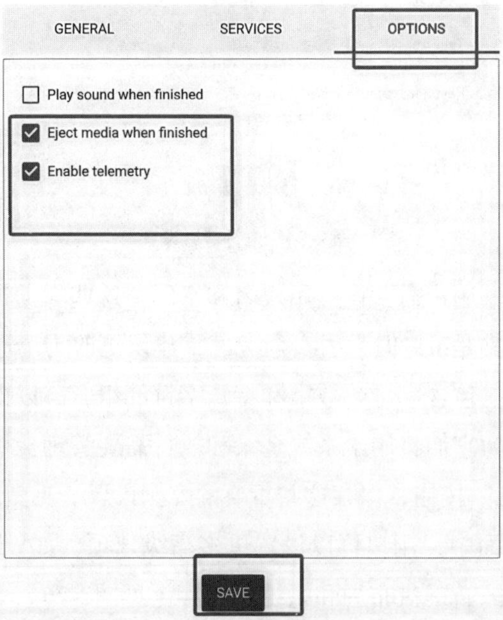

图 2-26　高级选项设置

完成所有自定义设置后，返回主界面，现在可以单击“NEXT”按钮开始实际的烧录过程。此时，系统会弹出管理员权限请求对话框，要求授予软件读取和写入SD卡的权限。这是正常的安全措施，单击“YES”按钮或输入管理员密码来授予这些权限（见图2-27）。这一步是必要的，因为写入存储设备需要系统级的访问权限，特别是在Windows系统上。

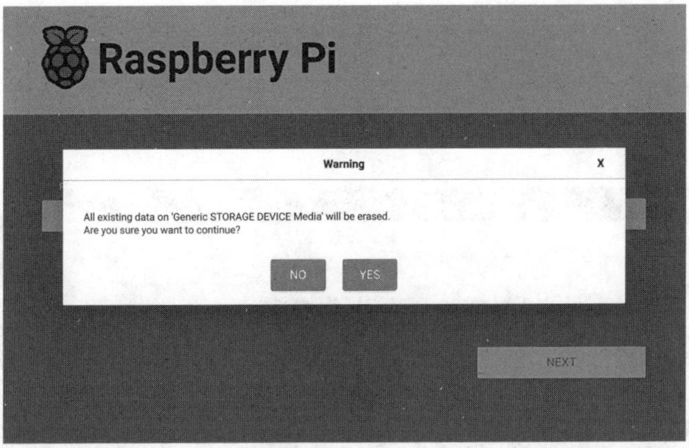

图2-27　授予权限

确认后，软件开始将操作系统镜像写入SD卡并进行验证（见图2-28）。这个过程分为两个阶段：首先是将操作系统镜像写入SD卡，然后验证写入是否正确。在界面中，可以看到进度条展示当前操作的完成百分比。这个过程需要一些时间，取决于用户选择的操作系统镜像大小和SD卡的读取速度，通常需要10～30分钟。在此期间，请勿移除SD卡或关闭计算机，耐心等待整个过程完成。

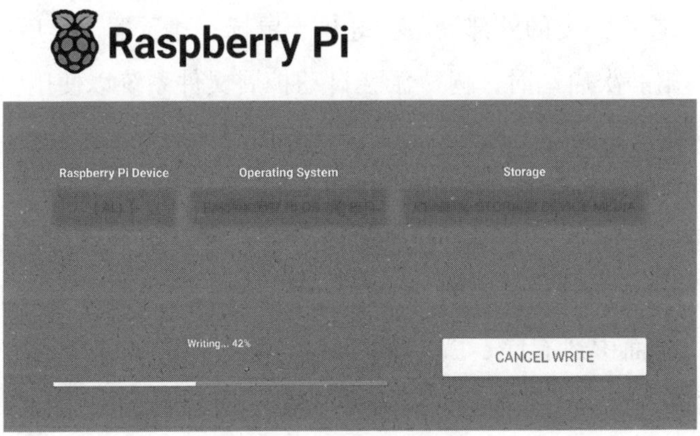

图2-28　等着进行验证

当烧录和验证过程全部完成后，将看到Write Successful（写入成功）提示框，这表示操作系统已成功写入SD卡并通过了验证检查（见图2-29）。这意味着SD卡现在包含一个完整且有效的树莓派操作系统，已经准备好用于启动你的树莓派设备。此时，用户可以安全地从计算机中取出SD卡，准备将其插入树莓派的SD卡插槽中。这标志着烧录过程的成功完成，现在可以进入实际使用树莓派的阶段了。

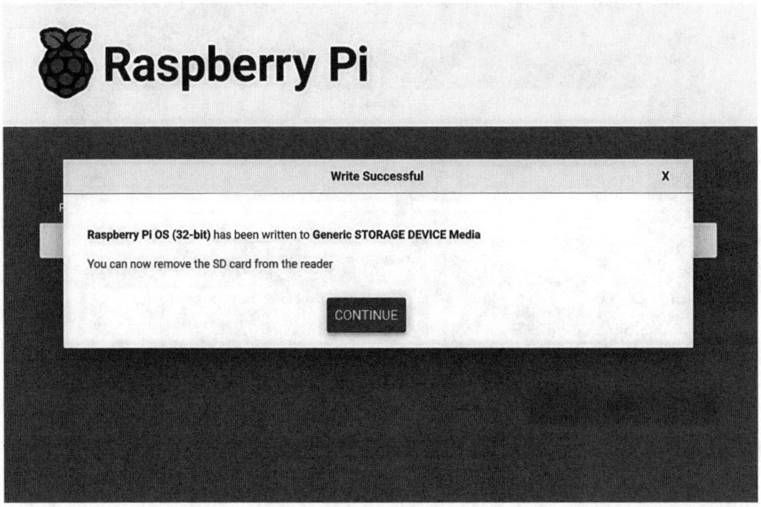

图 2-29　写入成功

步骤3：首次启动树莓派并进行系统设置。

现在，将准备好的SD卡插入树莓派的SD卡插槽中，然后通过高清多媒体接口（High-Definition Multimedia interface，HDMI）或Micro HDMI接口，以及网线或连接Wi-Fi，连接必要的外部设备：键盘、鼠标、显示器。最后，连接电源适配器并开机。第一次启动时，树莓派会自动扩展文件系统以使用整个SD卡的空间，并启动初始设置向导（见图2-30）。该界面展示的是初始设置向导的欢迎界面，指引用户完成树莓派的基本配置过程。

在这个设置界面中，需要配置地区和语言设置。从下拉列表中选择国家为China，这会自动将默认语言设置为“中文”。然后选择时区为“上海”或“成都”。此外，界面中还有Use English language（用英语作为语言）和Use US keyboard（用美式键盘）复选框，如果更习惯使用英语界面和美式键盘布局，可以勾选这两个复选框。这些设置将影响系统展示的语言、日期和时间格式，以及键盘映射（见图2-31）。设置完成后，单击“Next”按钮继续配置过程。

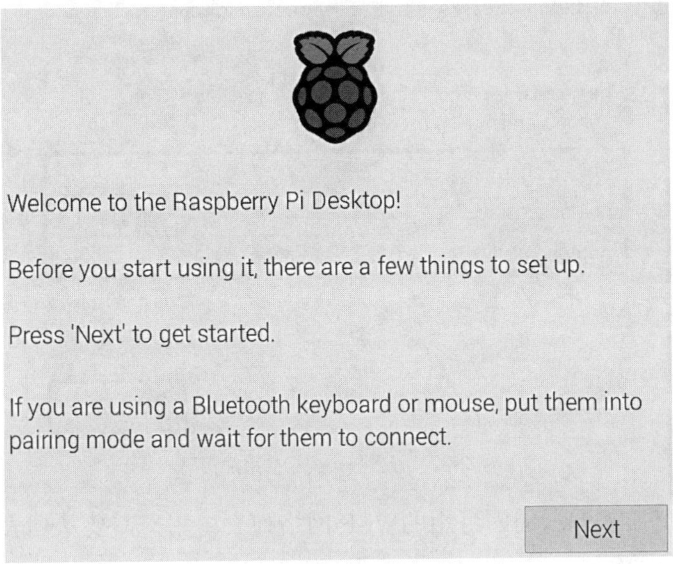

图 2-30　启动初始设置向导

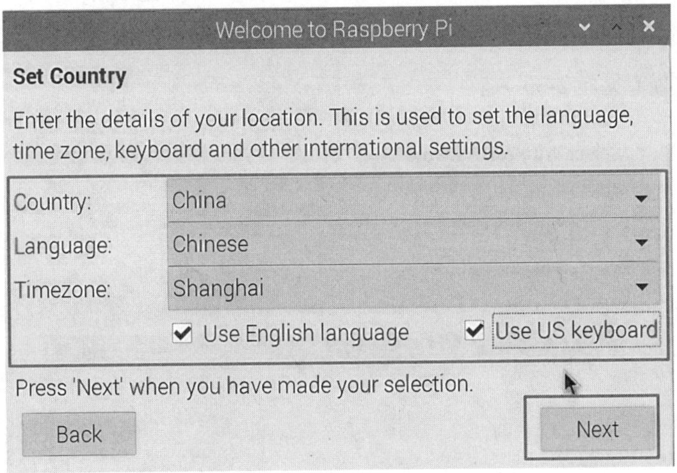

图 2-31　设置国家语言和时区

在这个界面中，需要创建树莓派系统的用户账户。输入想要使用的用户名和密码，这将是登录系统的凭据。用户名可以是任何自己喜欢的名称，而密码应该是安全的组合。系统会要求输入两次密码，以确保输入正确。如果忘记了密码，密码重置需要重新安装整个系统。设置完成后，单击“Next”按钮继续（见图2-32）。

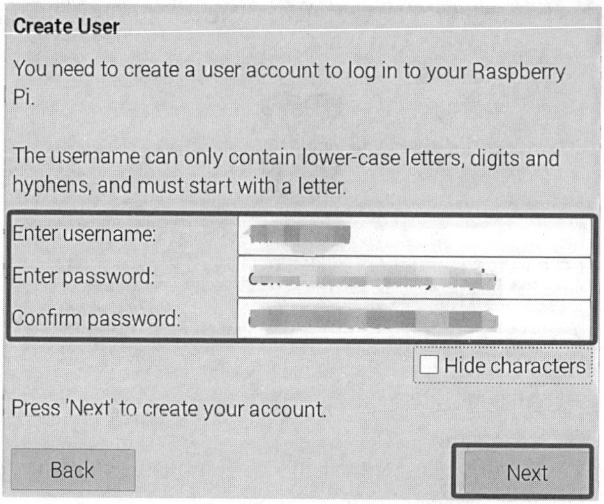

图 2-32　设置一个登录的用户密码

系统会扫描并展示周围可用的Wi-Fi网络列表。用户需要从列表中选择自己的Wi-Fi网络名称。如果已经通过网线连接了树莓派，也可以选择跳过Wi-Fi设置，稍后再配置。Wi-Fi连接对于更新系统和安装软件包非常重要，尤其是当树莓派没有连接到有线网络的情况下。选择网络后，单击“Next”按钮继续，准备输入网络密码（见图2-33）。

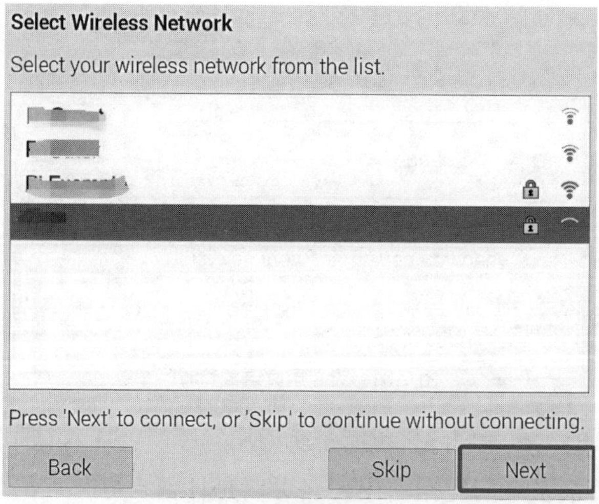

图 2-33　连接到 Wi-Fi 网络

选择Wi-Fi网络后，系统会提示用户输入该网络的密码（见图2-34）。在输入框中输入正确的Wi-Fi密码，注意区分大小写和特殊字符。如果密码输入错误，连接将失败，稍后可以在系统设置中重新配置Wi-Fi。输入完成后，单击“Next”按钮或“连接”按钮尝试连接到Wi-Fi网络。系统将验证密码并尝试建立连接，这可能需要几秒钟。

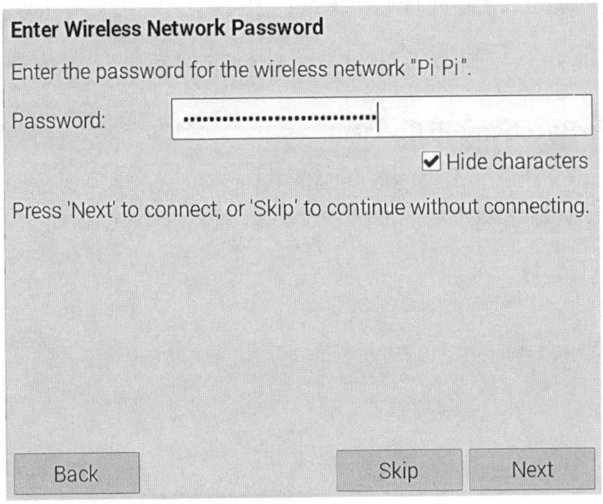

图 2-34　填写 Wi-Fi 密码

接下来需要选择树莓派系统默认的网络浏览器，通常包括Chromium（Google Chrome的开源版本）和Firefox（见图2-35）。用户可以根据个人偏好选择其中一个作为默认浏览器。此外，界面上还有一个选项，选择它可以卸载未被设为默认的浏览器，以节省系统存储空间。如果存储空间足够，建议保留两者，以便在需要时可以使用不同的浏览器。做出选择后，单击“Next”按钮继续配置。

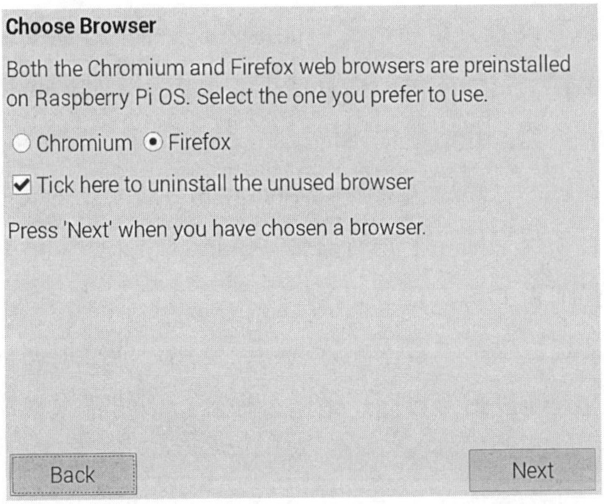

图 2-35　选择 Firefox 或 Chromium 作为默认互联网浏览器

接下来系统会询问是否要启用Raspberry Pi Connect功能。这是一项允许用户无须手动配置网络即可远程访问树莓派的服务（见图2-36）。启用此功能后，用户可以通过Raspberry Pi官方提供的工具从另一台设备轻松连接到自己的树莓派，非常适合没有额外显示器或希望远程管理树莓派的用户。用户根据自己的使用需求选择是否启用此功能，然后单击“Next”按钮继续最后的配置步骤。

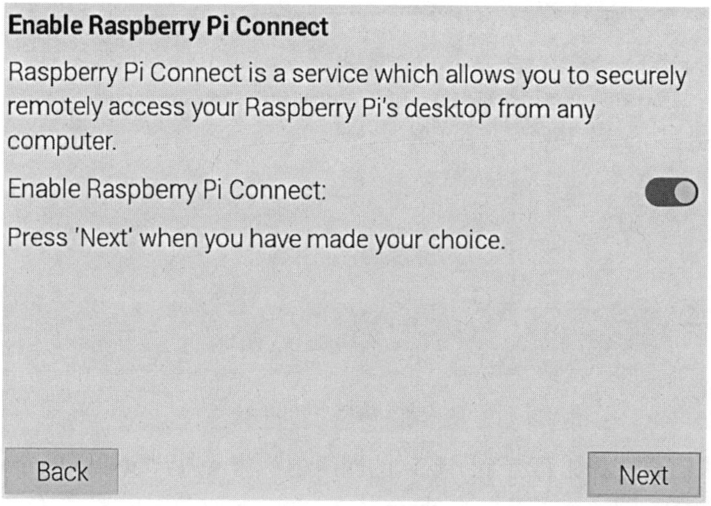

图 2-36　启用 Raspberry Pi Connect

在完成所有配置步骤后，将看到配置完成界面，表示初始设置已经全部完成（见图2-37）。此时，系统会提示用户单击“重启”按钮来应用所有设置并重新启动树莓派。单击“Restart（重启）”按钮后，树莓派将关闭并重新启动，加载用户刚才配置的所有设置。重启过程可能需要1分钟左右。重启完成后，将看到登录界面（如果设置了自动登录，则直接进入桌面），此时可以使用之前设置的用户名和密码登录系统，开始使用树莓派了。

完成上述步骤后，已经成功安装Raspberry Pi 5系统并完成基本配置，可以开始探索和使用了。系统桌面左上角有类似Windows“开始”菜单的功能按钮，可以访问各种应用程序和工具。

树莓派操作系统提供了丰富的配置选项，使用户能够根据特定需求优化系统性能和功能。无论是通过图形界面还是通过命令行，树莓派都提供了直观且强大的工具来管理系统设置。

图 2-37 完成配置向导，并重启树莓派

步骤4：下载安装Ollama Linux版本。

Ollama提供了便捷的一键安装脚本，专门用于在Linux系统上快速部署Ollama服务。这个安装脚本能够自动检测当前操作系统架构，并安装相应版本的Ollama。

要安装Ollama Linux版本，只需在终端执行以下命令。

```
curl -fsSL https://ollama.com/install.sh | sh
```

这个命令会下载安装Ollama Linux版本并立即执行（见图2-38）。安装完成后，Ollama API服务将在本地的11434端口运行，用户可以直接在命令行中使用ollama命令来管理和运行模型。

整个安装过程是全自动的，无须用户手动配置。脚本会根据系统环境自动调整安装参数，确保Ollama能够在各种Linux环境中正常运行。

树莓派系统的灵活性体现在其强大的配置选项上。系统配置工具raspi-config是树莓派操作系统中最重要的配置工具之一，它提供了丰富的选项来定制树莓派的行为，无须手动编辑配置文件。

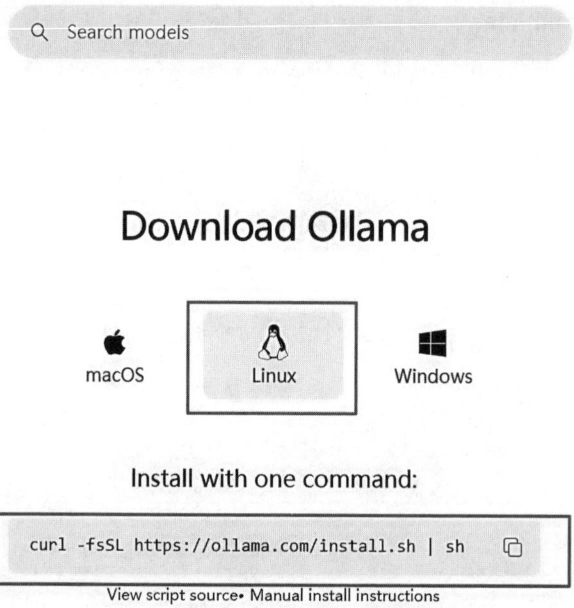

图 2-38　下载 Linux 版本的 Ollama

① raspi-config工具：raspi-config是树莓派系统配置的核心工具，它提供了一个集中的界面来管理树莓派的众多设置。

在终端版本中，用户可以使用上下箭头键滚动选项列表，使用Tab键在选项和按钮之间切换，以及使用Enter键确认选择。这种基于文本的界面在远程连接或无显示器的环境中特别有用，因为它不需要图形界面就能完成复杂的配置任务。

raspi-config工具所做的更改会自动修改系统的配置文件，如/boot/firmware/config.txt和其他相关文件，使用户无须手动编辑这些文件即可实现系统配置。这不仅简化了配置过程，还降低了配置错误的风险。

raspi-config工具可通过以下两种方式访问。

· 在图形界面中，选择Preferences > Raspberry Pi Configuration命令。

· 在终端中，执行sudo raspi-config命令。

终端版本提供了更多高级选项，而图形界面版本则更加直观。在终端版本中，用户可以使用箭头键导航，按Tab键切换按钮，按Enter键确认选择。

② 系统选项配置：系统选项是raspi-config中较为基本、常用的配置类别，它涵盖了树莓派核心功能的设置。这些选项包括无线网络配置、音频设置、密码管

理和启动行为等。

· 无线网络配置允许用户设置Wi-Fi的服务集标识符（Service Set Identifier，SSID）和密码，使树莓派能够连接到无线网络。这对于无显示器设置或需要网络连接的项目特别重要。

· 音频设置则允许用户选择音频输出设备，如HDMI、耳机插孔或通用串行总线（Universal Serial Bus，USB）音频设备。

· 密码管理功能使用户能够更改当前账户的密码，从而增强系统安全性。

· 主机名设置允许用户设置树莓派在网络上的可见名称，这对于在同一网络上区分多个树莓派设备非常有用。

· 启动/自动登录选项控制树莓派的启动行为，用户可以选择启动到命令行或桌面环境，以及是否自动登录。用户可以根据项目需求和用户偏好对这些选项进行调整。例如，无人值守的项目需要设置自动登录并启动桌面环境。

· 网络启动等待选项允许用户设置系统是否等待网络连接后再完成启动过程，这对于依赖网络服务的应用程序特别有用，但可能会延长启动时间。

· 闪屏设置和电源发光二极管（Light Emitting Diode，LED）控制提供了对树莓派的视觉反馈的自定义选项。

系统选项允许配置基本的系统行为。

> 无线网络配置：设置Wi-Fi的SSID和密码。
>
> 音频设置：选择音频输出设备。
>
> 密码管理：更改当前用户的密码。
>
> 主机名设置：定义树莓派在网络上的可见名称。
>
> 启动/自动登录选项：控制树莓派启动到命令行还是桌面环境，以及是否自动登录。
>
> 网络启动等待：设置是否等待网络连接后再启动。
>
> 闪屏设置：启用或禁用启动时闪屏。
>
> 电源LED控制：调整电源指示灯的行为（如果硬件支持）。

· 浏览器选择项用于更改默认网络浏览器。

③ 显示选项配置：显示选项允许用户优化树莓派的视频输出设置，以确保与各种显示器的兼容性和较好的显示效果。这些选项对于媒体中心、数字标牌和

其他视觉项目尤为重要。

· 欠扫描控制是一个重要的显示选项，它可以解决某些显示器上图像边缘被裁剪的问题。当显示内容从屏幕边缘消失时，启用欠扫描控制可以调整边框对齐，而在某些显示器上，禁用欠扫描控制可以使图像充满整个屏幕，并移除黑色边框。

· 屏幕休眠设置可以控制显示器在一段时间不活动后是否自动关闭。这对于节能和延长显示器寿命很有用，特别是在长时间运行的项目中。

· 虚拟网络计算（Virtual Network Computing，VNC）分辨率设置定义了在无显示器模式下使用VNC远程访问时的分辨率。

· 对于需要复合视频输出的旧式显示器，用户可以启用或禁用复合视频功能。

· 在树莓派4及更高版本上，还可以配置4K HDMI支持，启用4K@60赫兹的高分辨率输出，为高清视频播放和图形密集型应用提供更好的视觉体验。

④ 接口选项配置：接口选项允许用户启用或禁用树莓派上的各种硬件和软件接口，这对于连接外部设备和实现特定功能至关重要。通过精确控制哪些接口处于活动状态，用户可以优化系统资源并增强安全性。

· 安全外壳（Secure Shell，SSH）是一个重要的远程访问工具，它允许用户通过网络连接到树莓派的命令行界面。默认情况下，SSH是禁用的，但可以通过接口选项轻松启用。类似地，VNC提供了图形化的远程桌面访问，使用户能够在远程计算机上查看和控制树莓派的桌面环境。

· 对于电子项目和硬件集成，串行外设接口（Serial Peripheral interface，SPI）和内部集成电路（inter-integrated Circuit，简称I2C）接口至关重要。这些接口允许树莓派与各种传感器、显示器和其他硬件组件通信。

· 串行端口配置则控制树莓派上的通用异步收发器（Universal Asynchronous Receiver/Transmitter，UART）的行为，用于与其他串行设备通信。

· 1-Wire接口主要用于Dallas温度传感器等设备，使树莓派能够读取环境数据。

· 远程通用输入/输出（General Purpose Input/Output，GPIO）选项则允许通过网络远程控制树莓派的GPIO引脚，这对于远程自动化和监控项目非常有用。

通过适当配置这些接口选项，用户可以创建从简单的家庭自动化系统到复杂的工业控制解决方案的各种项目，充分利用树莓派的硬件功能。

⑤ 性能选项配置：性能选项使用户能够调整树莓派的处理能力和资源分配，以适应不同的工作负载和应用场景。这些设置可以显著影响系统的速度、稳定性和能耗。

· 超频是较受关注的性能选项之一，它允许用户提高处理器的运行频率以获得更好的性能。不同型号的树莓派支持不同程度的超频，但需要注意的是，超频可能会增加系统的不稳定性，缩短设备寿命。对于需要额外计算能力的项目，适度的超频是一个有价值的选择，但应谨慎实施。

· 图形处理器（Graphics Processing Unit，GPU）是显卡的核心组件，其内存分配选项允许用户调整分配给图形处理器的内存量。对于图形密集型应用（如游戏或视频处理），增加GPU内存可以提供更好的性能，而对于无图形输出需求或低图形需求的项目，减少GPU内存可以为CPU和其他系统组件释放更多资源。

· 覆盖文件系统是一个高级选项，它允许用户启用只读文件系统。这对于需要防止意外数据修改或在恶劣环境中运行的项目特别有用，因为它可以防止SD卡损坏和数据丢失。

· 在树莓派4及后续型号上，风扇控制选项允许配置GPIO控制的冷却风扇行为，根据温度自动调整风扇速度，保持系统在最佳温度范围内运行。

通过这些性能选项，用户可以根据特定项目的需求优化树莓派的运行状态，在性能、稳定性和能耗之间找到最佳平衡。

⑥ 本地化选项：本地化选项允许用户根据地区需求和个人偏好定制树莓派的语言、时间和输入设置。这些设置对于国际用户和在不同地区部署的项目尤为重要。

· 语言设置允许用户选择系统的展示语言和区域设置，如日期和数字格式。这确保用户界面和系统消息以用户熟悉的语言展示，提高了操作系统的可用性。

· 时区设置则确保系统时钟与用户所在地区同步，这对于日志记录、调度任务和与时间相关的应用程序至关重要。

· 键盘布局设置允许用户选择符合其物理键盘的键盘映射，支持各种国际键盘标准和语言。这确保用户可以正确输入包括特殊字符和重音符号在内的所有字符。

· Wi-Fi国家设置则是为了遵守不同国家和地区的无线电规定，它影响可用的Wi-Fi频道和发射功率。正确设置Wi-Fi国家代码不仅是合规的需要，还能优化无线网络性能。

这些本地化选项使树莓派成为一个真正全球化的平台，能够适应不同语言和地域的用户需求，无论用户身在何处，都能提供一致且熟悉的使用体验。

⑦高级配置选项：高级配置选项提供了更深层次的系统功能，适合有经验的用户和有特定需求的项目。这些选项影响系统底层行为，应谨慎使用。

· 文件系统扩展是一个重要的高级选项，它允许将操作系统分区扩展到整个存储设备。当将系统克隆到更大容量的SD卡或SSD时，这个选项特别有用，因为它能确保所有可用空间都被利用。

· 网络接口命名选项可以控制网络设备的命名方式，可预测的网络接口名称在复杂网络配置中特别有用。

· 网络代理设置允许系统通过代理服务器访问互联网，这在企业环境或特定网络限制下尤为重要。

· 启动顺序选项（在树莓派4及更高版本中可用）允许用户指定从SD卡、USB设备或网络启动的优先级，增强了系统部署的灵活性。

· 引导加载程序版本选项允许选择使用最新的启动ROM软件或恢复出厂默认设置。

· 显示服务器选项则允许在X11和Wayland后端之间切换，并选择不同的窗口管理器，这对于定制图形环境和优化图形性能很有用。

· 音频系统选项允许在PulseAudio和PipeWire音频后端之间切换，以适应不同的音频需求和兼容性要求。

这些高级选项为有经验的用户提供了深度定制树莓派系统的能力，使其能够满足从简单到复杂的各种项目需求。

树莓派系统配置的灵活性使其成为各种项目的理想平台，从简单的家庭自动化到复杂的嵌入式系统。通过合理配置，可以充分发挥树莓派的性能并满足特定应用需求。通过深入学习和应用这些系统配置和优化技术，我们可以充分发挥树莓派的潜力，创建从简单的家庭自动化项目到复杂的嵌入式系统等各种应用。

2.3　在树莓派上配置 Python 环境指南

在树莓派上配置Python环境，首先要更新系统，确保软件包和库是最新的。接着下载并运行Miniconda安装脚本，使用conda管理Python环境。根据项目需求安装必要的安装包，如NumPy、Pandas等。最后，验证环境配置，确保安装包的正确安装和性能良好。

步骤1：系统环境更新。

配置Miniconda环境的首要步骤是获取安装文件。在开始安装Miniconda环境之前，需要从官方网站下载适合树莓派架构的Miniconda安装包。如图2-39所示，在Miniconda官方下载页面单击对应版本的下载超链接，选择适合树莓派处理器架构的安装包进行下载。

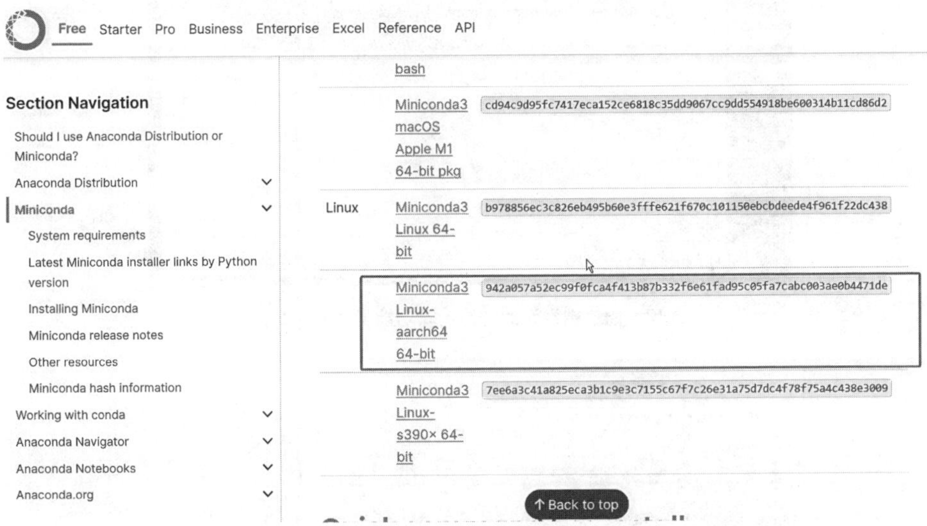

图 2-39　单击并下载对应版本

然后通过树莓派的文件传输模式，把它发送到树莓派中。文件下载完成后，需要将安装包传输到树莓派中。启用树莓派的文件传输功能（见图2-40），通过树莓派的文件传输模式建立连接。这种方式可以确保安装文件能够安全、可靠地传输到目标设备。

在文件传输界面中，需要准确选择刚才下载的 Miniconda 安装包（见图 2-41）。确认选择正确的文件后，系统开始执行文件传输操作。整个传输过程需要耐心等待（见图 2-42），传输进度会实时展示，完成后即可进入下一个配置阶段。

在安装Miniconda之前，首先要确保树莓派操作系统处于最新状态。推荐使用64位版本的Raspberry Pi OS，这样可以获得更好的性能和软件兼容性。执行系统更新命令来刷新软件包列表并升级现有软件。

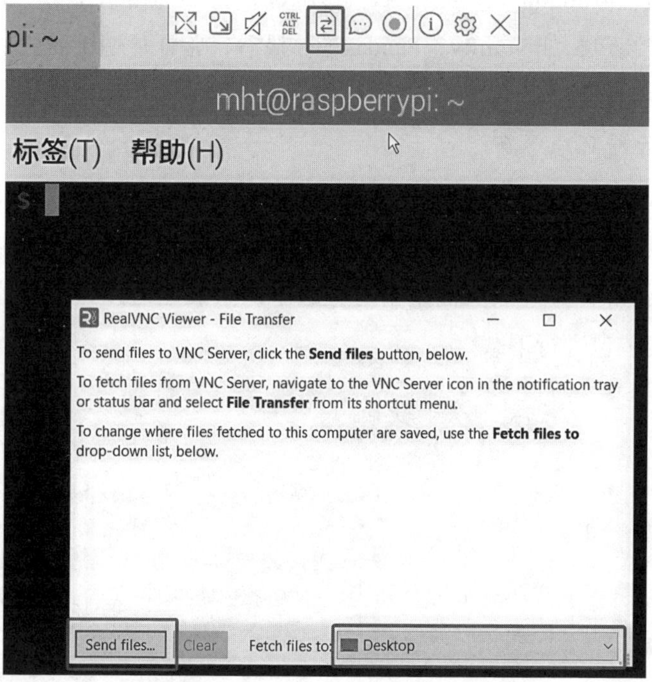

图 2-40　通过树莓派的文件传输功能发送到树莓派中

图 2-41　选择相应的文件

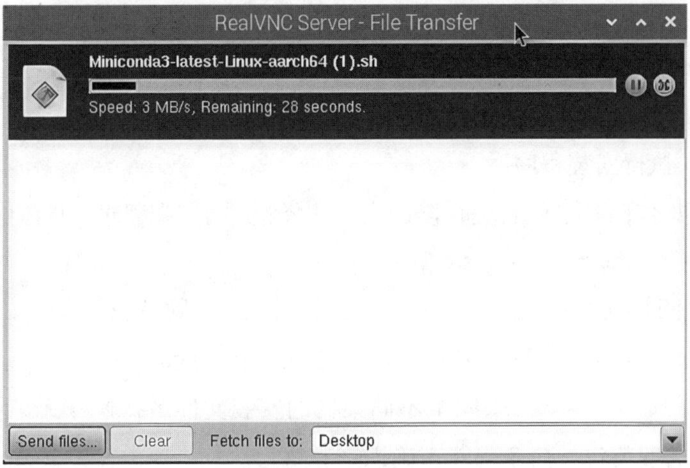

图2-42 等待传输

确保系统为最新版本（推荐使用64位 Raspberry Pi OS），代码如下。

```
sudo apt update && sudo apt upgrade -y
```

这条命令组合了两个重要操作：前半部分sudo apt update负责同步本地软件包数据库与远程仓库，获取最新的软件版本信息；后半部分sudo apt upgrade -y用于将系统中所有可升级的软件包更新到最新版本，其中-y参数表示自动确认更新操作，避免交互过程中提示中断更新流程。

步骤2：获取Miniconda安装脚本。

接下来需要从官方仓库下载Miniconda安装脚本。如图2-43所示，在终端中输入相应的下载命令。由于树莓派采用ARM架构处理器，因此需要根据具体的架构版本选择对应的安装包。

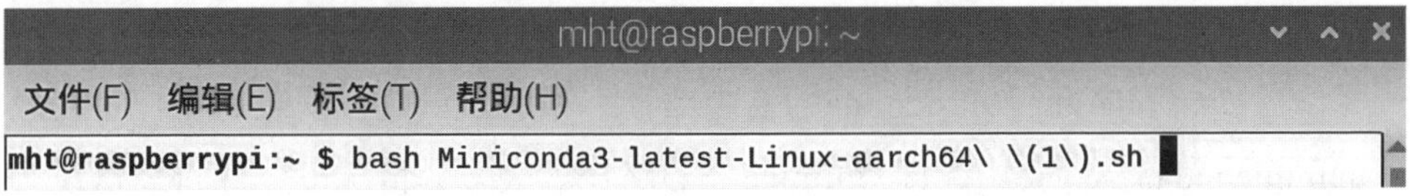

图2-43 输入下载命令

根据系统架构选择对应的版本。

64位系统（aarch64）安装命令如下。

```
wget https://repo.anaconda.com/miniconda/Miniconda3-latest-Linux-aarch64.sh
```

32位系统（armv71）安装命令如下。

```
wget https://repo.anaconda.com/miniconda/Miniconda3-latest-Linux-armv7l.sh
```

wget工具是Linux系统中广泛使用的命令行下载程序，能够从HTTP、HTTPS和FTP服务器下载文件。URL地址指向Anaconda公司维护的官方软件仓库，确保下载的安装脚本是最新且经过验证的稳定版本。

步骤3：执行安装程序。

当安装脚本下载完成后，通过bash命令解释器运行安装程序。具体代码如下。

```
bash Miniconda3-latest-Linux-*.sh
```

按提示阅读协议，输入“yes”以表示同意。确认安装路径（默认为~/miniconda3）。安装完成后，输入“yes”以初始化conda。

这里使用通配符“*”来匹配不同架构的安装文件名，这样无论下载的是哪个架构版本的安装包，命令都能正确识别并执行。

安装过程采用交互式设计，需要用户进行几次确认操作。程序首先会展示软件许可协议内容，用户需要仔细阅读协议条款，可以使用空格键逐页浏览协议内容。阅读完毕后按照屏幕提示输入“yes”表示接受许可协议（见图2-44）。

```
...skipping 1 line

Do you accept the license terms? [yes|no]
>>> yes

Miniconda3 will now be installed into this location:
/home/mht/miniconda3

  - Press ENTER to confirm the location
  - Press CTRL-C to abort the installation
  - Or specify a different location below
```

图 2-44　输入 yes

随后安装程序询问Miniconda的安装路径，系统默认建议安装到用户主目录下的miniconda3文件夹中，即~/miniconda3路径。大多数情况下，保持默认设置即可满足使用需求，直接按“Enter”键确认安装路径。

安装过程的最后阶段，程序会询问是否将conda初始化脚本添加到shell配置文件中，此时需要再次输入“yes”进行确认（见图2-45）。这个步骤将conda相关的环境变量和命令路径写入bash配置文件中，使系统能够识别和执行conda命令。

```
You can undo this by running `conda init --reverse $SHELL`? [yes|no]
[no] >>> yes
no change     /home/mht/miniconda3/condabin/conda
no change     /home/mht/miniconda3/bin/conda
no change     /home/mht/miniconda3/bin/conda-env
no change     /home/mht/miniconda3/bin/activate
no change     /home/mht/miniconda3/bin/deactivate
no change     /home/mht/miniconda3/etc/profile.d/conda.sh
no change     /home/mht/miniconda3/etc/fish/conf.d/conda.fish
no change     /home/mht/miniconda3/shell/condabin/Conda.psm1
no change     /home/mht/miniconda3/shell/condabin/conda-hook.ps1
no change     /home/mht/miniconda3/lib/python3.12/site-packages/xontrib/conda.xs
h
no change     /home/mht/miniconda3/etc/profile.d/conda.csh
modified      /home/mht/.bashrc

==> For changes to take effect, close and re-open your current shell. <==

Thank you for installing Miniconda3!
```

图 2-45　再次输入 yes

步骤4：激活conda环境。

安装完成后，需要重新加载shell配置文件使conda环境生效。

```
source ~/.bashrc  # 或重启终端
```

source命令用于在当前shell会话中执行指定的脚本文件，这里执行的是bash配置文件.bashrc。执行后，刚才写入的conda配置信息立即生效，用户可以在当前终端会话中使用conda命令。另一种等效的方法是关闭并重新打开终端窗口，新的终端会话会自动加载更新后的配置文件。

配置镜像源（可选）：编辑 ~/.condarc文件，添加国内镜像（如清华源）。

步骤5：配置镜像源。

为了在国内网络环境里获得更快的软件包下载速度，建议配置国内镜像源。编辑用户主目录下的.condarc配置文件，添加清华大学开源软件镜像站的地址。具体代码如下。

```
channels:
  - defaults
show_channel_urls: true
default_channels:
  - https://mirrors.tuna.tsinghua.edu.cn/anaconda/pkgs/main
  - https://mirrors.tuna.tsinghua.edu.cn/anaconda/pkgs/r
  - https://mirrors.tuna.tsinghua.edu.cn/anaconda/pkgs/msys2
custom_channels:
  conda-forge: https://mirrors.tuna.tsinghua.edu.cn/anaconda/cloud
  pytorch: https://mirrors.tuna.tsinghua.edu.cn/anaconda/cloud
```

这个配置文件使用YAML语法格式。channels部分定义了conda搜索软件包的优先级顺序，设置show_channel_urls选项为true后会在安装软件包时显示具体的下载源地址。default_channels部分指定了默认情况下使用的镜像服务器地址，custom_channels则为特定的软件包集合（如conda-forge和pytorch生态系统）指定专门的镜像地址。

步骤6：创建虚拟环境。

虚拟环境是conda软件包管理系统的核心特性，它允许为不同项目创建隔离的Python运行环境，从而避免依赖冲突问题。具体代码如下。

```
conda create -n myenv python=3.9  # 示例：创建名为myenv的环境
conda activate myenv  # 激活环境
```

以上代码中，第一条命令创建了一个名为myenv的新虚拟环境，并指定使用Python 3.9版本。用户可以根据项目需求修改环境名称和Python版本号。第二条命令激活刚刚创建的虚拟环境，激活后终端提示符会发生变化，从原来的（base）变为（myenv），表明当前处于指定的虚拟环境中。

步骤7：验证安装。

为了确认Miniconda安装配置是否成功，可以安装一个常用的Python科学计算库进行测试。具体代码如下。

```
conda install NumPy  # 安装示例包
python -c "import NumPy; print(numpy.__version__)"  # 验证
```

以上代码中，第一条命令使用conda软件包管理器安装NumPy数值计算库，conda会自动解析依赖关系并从配置的镜像源下载安装。第二条命令执行一段简短的Python代码，尝试导入NumPy模块并打印其版本信息。如果安装配置正确，执行命令后会展示NumPy的版本号，表明整个环境配置过程成功完成。

在执行过程中可能遇到的常见问题如下。

```
权限问题： 避免使用 sudo 安装conda。
依赖缺失： 安装某些安装包时可能需要系统库，例如
sudo apt install libatlas3-base libopenblas-dev
兼容性问题：优先使用 conda-forge 频道的包
conda install -c conda-forge package_name
```

通过以上详细步骤，树莓派5b上的Miniconda Python环境配置就全部完成了。这个环境提供了完整的Python包管理功能和灵活的虚拟环境管理机制，为后续进行各种Python开发和科学计算任务建立了稳定可靠的基础平台。合理利用虚拟环境的隔离和镜像源加速功能，能够显著提升开发效率和系统的稳定性。

第3章

智能交互篇

人工智能技术的发展推动了智能交互技术的发展。接下来将讲解智能交互的核心技术，涵盖语音识别与合成、智能语音控制、情感计算、多模态交互及智能反馈机制的设计与优化，讲解构建高效、自然、智能交互系统的方法，以提升用户体验和交互效率。智能语音交互系统的关键技术包括上述几方面，以及实时语音助手的开发与优化，既为用户提供便捷的交互方式，又为商业带来了新机遇。

3.1 情感计算应用实现

情感计算是人工智能的重要分支，借助机器学习和深度学习技术自动识别与分析人类情感状态。Python生态系统有丰富的情感计算工具库，为开发者构建情感智能应用提供技术支撑。情感计算系统技术架构采用多模态融合理念，通过文本语义分析、语音声学特征提取和生理信号处理等获取情感信息，这种多维度感知能力能更准确地了解用户的真实情感。

系统设计遵循模块化和可扩展原则，将情感识别任务封装为独立的功能模块，提高代码复用性和可维护性，便于后续功能扩展和算法优化升级。

3.1.1 文本情感分析

文本情感分析系统采用基于词典的情感计算方法，通过自然语言工具包（Natural Language Toolkit，NLTK）中的自然语言处理情感分析工具（Valence Aware Dictionary and sEntiment Reasoner，VADER）实现对文本情感倾向的自动识别。系统的核心设计理念是将复杂的自然语言处理任务封装为简洁易用的函数接口，同时保持足够的分析精度和处理效率。

文本情感分析在商业和社会生活中有着广泛的应用。接下来将通过三个具体的例子来说明文本情感分析的主要应用场景。

① 电商平台的商品评价分析：电商平台会运用情感分析技术来自动处理海量的用户评论。比如，当一款新手机上市后，系统会自动分析数千条评论，识别出用户对手机各个方面的情感倾向。系统能够识别“电池续航太差了”这样的负面评价，以及“拍照效果超出预期”这样的正面评价。通过这种分析，商家可以快速了解产品的优缺点，及时调整营销策略或改进产品。同时，平台也能自动标记出恶意差评或虚假好评，维护评价体系的公正性。

② 金融市场的舆情监控：金融机构会使用情感分析工具来监测社交媒体和新闻报道中关于特定公司或行业的舆情变化。例如，当某科技公司发布新产品时，系统会实时分析推特、财经新闻、分析师报告中的相关讨论，判断市场情绪是乐观还是悲观。如果突然出现大量负面情绪，比如对产品质量的质疑或对公司管理层的批评，这可能预示着股价的波动。投资机构据此可以及时调整投资策略，规避风险或把握机会。

③ 政府部门的民意收集：政府部门越来越多地运用情感分析来了解民众对政策的反应。比如，当某个城市推出新的交通限行政策后，相关部门会分析市民在政务平台、微博、论坛上的留言和讨论。系统能够识别出市民的主要关切点，比如“上班通勤变得更困难”的抱怨，或者“空气质量确实改善了”的认可。通过量化分析不同情感的比例和变化趋势，政府可以更准确地评估政策效果，及时发现问题并做出调整，让决策更加贴近民意。

文本情感分析的编程架构遵循模块化设计原则，将资源下载、情感分析和结果解释等功能分离为独立的组件。这种设计使得代码具有良好的可维护性和可扩展性，便于后续功能的增强和算法的优化。

PyCharm是JetBrains公司开发的一款专业Python集成开发环境（IDE），在Python开发领域享有极高的声誉。该软件集成了代码智能提示、语法高亮显示、断点调试、版本控制、单元测试等众多实用功能，极大地提升了Python程序开发的效率和质量。PyCharm分为专业版（Professional）和社区版（Community）两个版本，社区版免费开源，已能满足大部分Python开发需求，在文本情感分析应用中有着较为广泛的应用。接下来我们来实操一下PyCharm的使用步骤。

步骤1：下载PyCharm安装包。

首先需要访问PyCharm官方网站进行软件下载（见图3-1）。在官网首页可以看到PyCharm的最新版本信息和下载入口。单击“Download”下载按钮后，

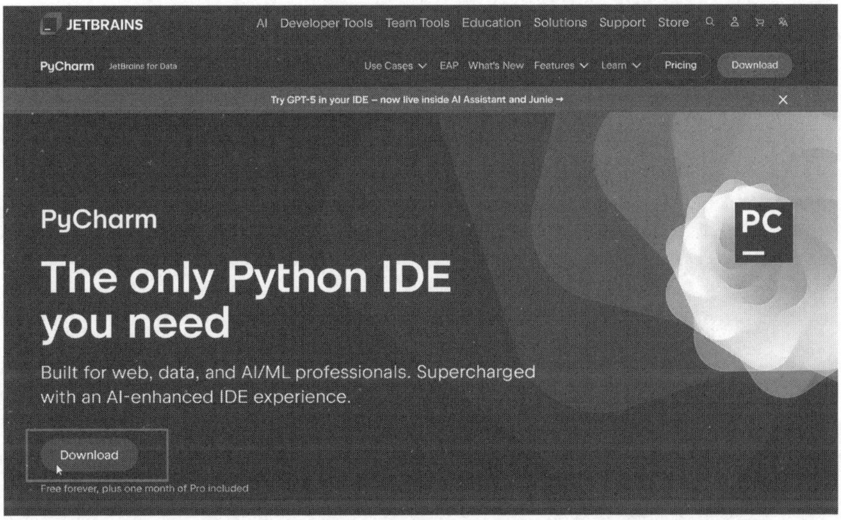

图 3-1 PyCharm 官网

系统会自动识别访问者的操作系统类型。对于Windows用户，需要选择对应的Windows版本进行下载（见图3-2）。下载完成后，会得到一个PyCharm安装包，通常文件名为pycharm-community-xxxx.x.x.exe，其中xxxx.x.x代表版本号。

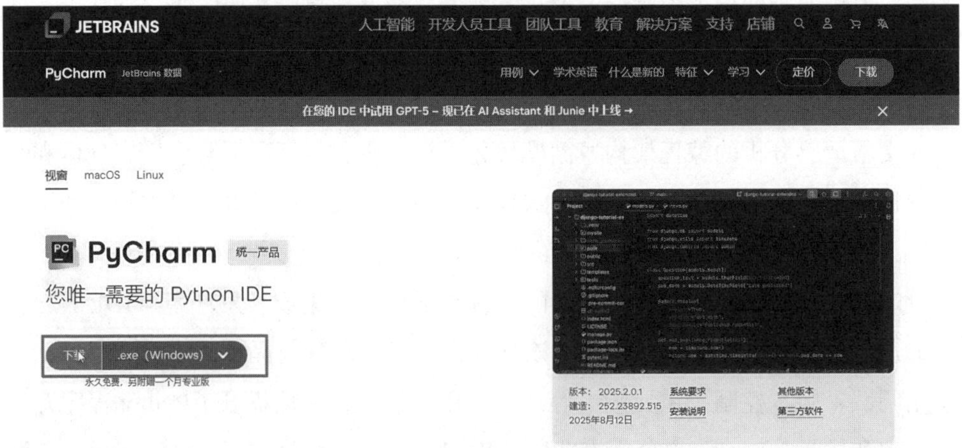

图 3-2　单击相应版本进行下载

步骤2：安装PyCharm。

找到下载好的PyCharm安装包，双击运行安装程序（见图3-3）。系统会弹出安装向导，这是PyCharm安装过程的起始界面。在欢迎界面中，可以看到PyCharm的图标和版本信息，单击“Next”按钮继续安装流程（见图3-4）。

图 3-3　下载 PyCharm 安装包

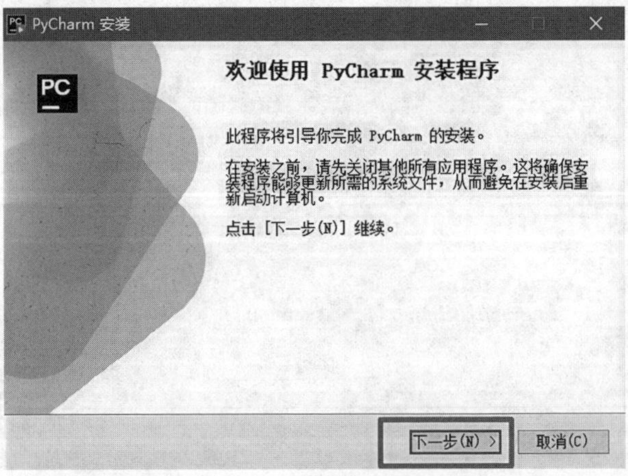

图 3-4　开始安装

接下来需要选择软件的安装路径（见图3-5）。默认情况下，PyCharm会安装在C盘的Program Files目录下。如果C盘空间不足或希望将软件安装在其他位置，可以单击“Browse”按钮自定义安装路径。建议选择一个空间充足且路径中不包含中文字符的目录。

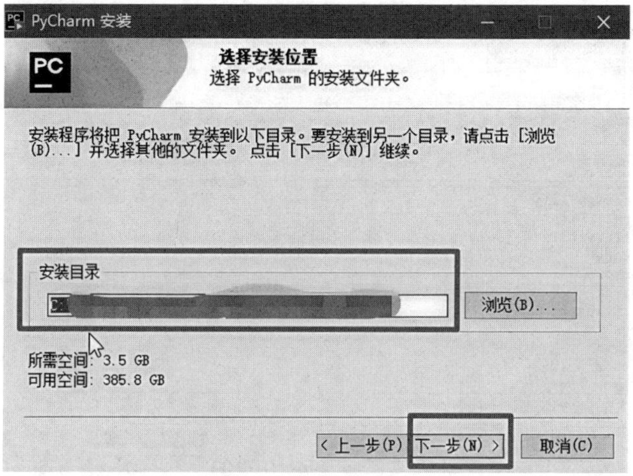

图 3-5 选择安装路径

在“安装选项”设置界面（见图3-6），有几个重要的配置选项需要注意。建议在“创建桌面快捷方式”（Create Desktop Shortcut）复选框中选中PyCharm，这样会在桌面创建PyCharm的快捷方式，方便日后快速启动。如果需要将.py文件默认关联到PyCharm打开，可以在“创建关联”下选中“.py”复选框。

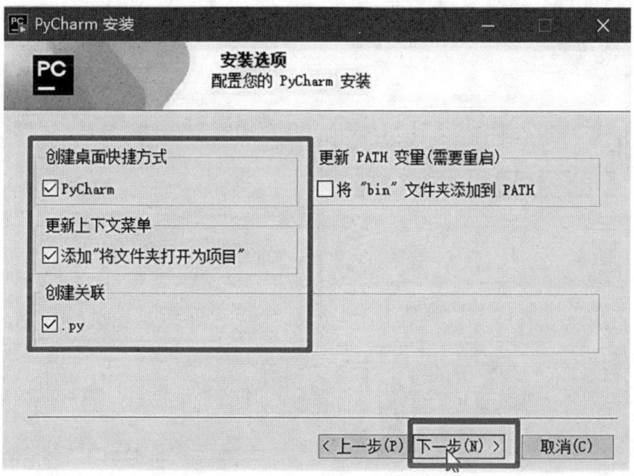

图 3-6 “安装选项”设置界面

随后进入“选择‘开始’菜单文件夹”界面（见图3-7），在这里可以设置PyCharm在Windows“开始”菜单中显示的名称和位置。保持默认设置即可，直接单击“安装”按钮开始正式安装。

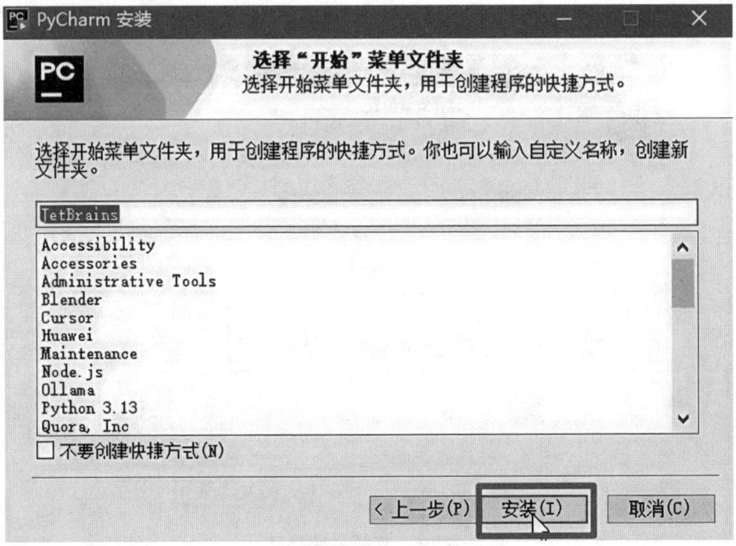

图 3-7　选择“开始”菜单文件夹

安装过程会持续几分钟（见图3-8），其间安装程序会自动完成文件复制、注册表写入、环境变量配置等操作。安装进度条会实时显示当前的安装状态和安装进度百分比。

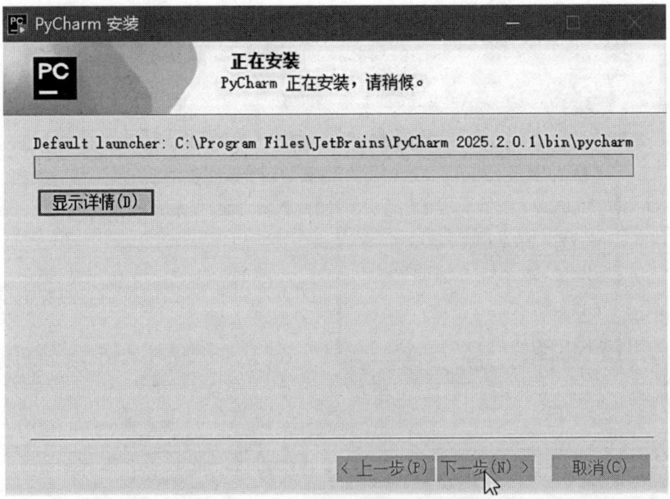

图 3-8　正在安装

当进入“PyCharm安装程序结束”界面（见图3-9）时，表示PyCharm已经成功安装到系统中。此时可以勾选“运行PyCharm”复选框，单击“完成”按钮完成安装并立即启动PyCharm。

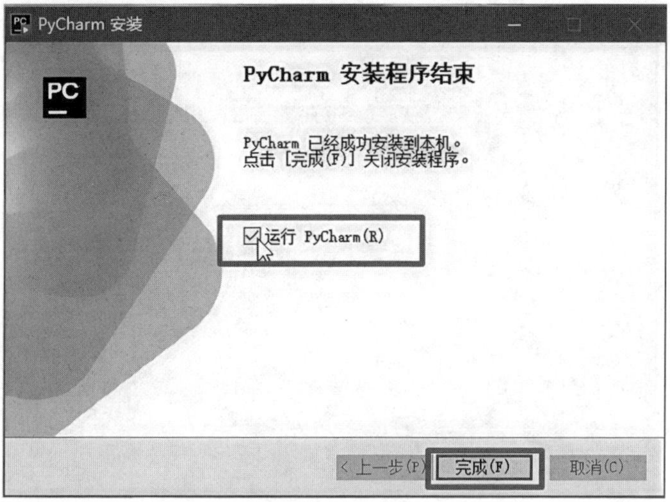

图 3-9　完成安装

步骤3：初始配置。

首次启动PyCharm时，需要进行初始配置。如果之前没有使用过PyCharm或不需要导入以前的设置，可以直接跳过这些步骤（见图3-10）。

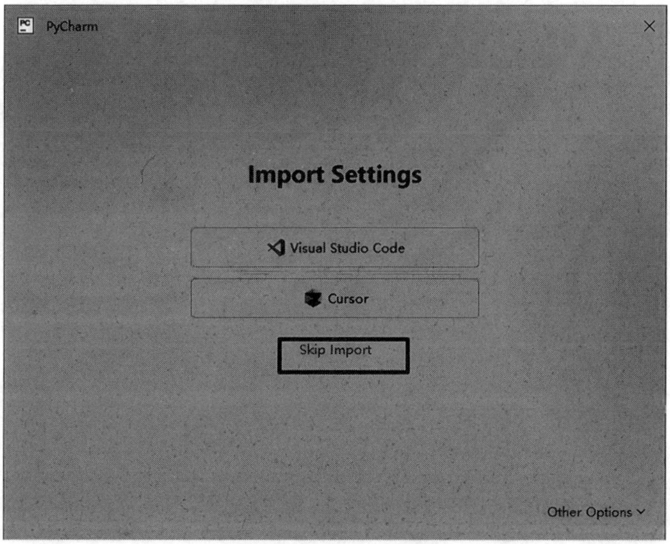

图 3-10　跳过步骤

步骤4：创建第一个项目。

进入PyCharm主界面后，需要创建一个新项目来开始Python编程（见图3-11）。单击“New Project”（新建项目）选项，系统会弹出New Project窗口。

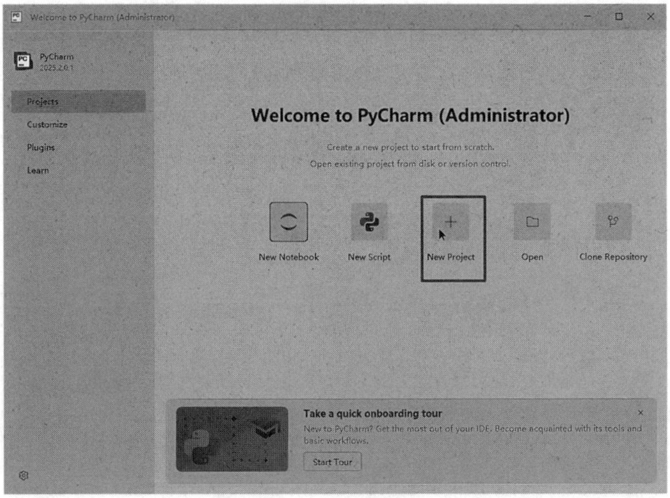

图3-11　新建项目

在New Project窗口（见图3-12），需要设置项目的存储位置和Python解释器。建议选择一个专门的文件夹来存放Python项目文件，路径中应避免使用中文字符。对于Python解释器，可以选择系统已安装的Python版本，或者创建新的虚拟环境。

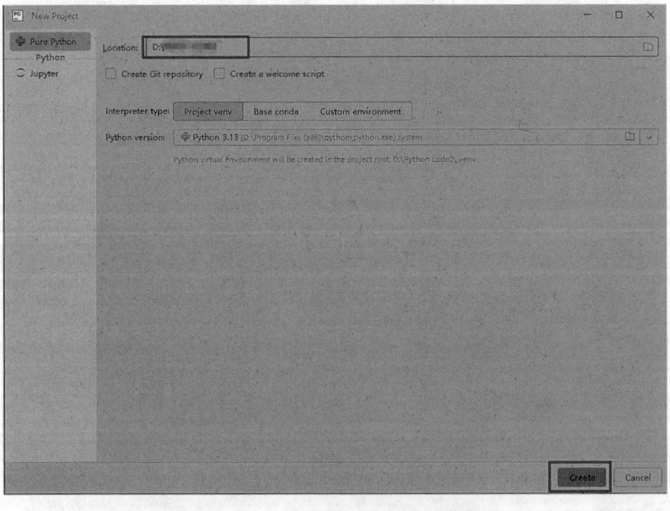

图3-12　新建项目的存储位置

选择好项目存储位置后，单击“Create”按钮创建项目。在弹出的提示框中单击“Open Project”按钮，PyCharm会打开项目文件夹（见图3-13），并在主界面中显示项目结构。项目创建完成后，可以看到完整的PyCharm工作界面（见图3-14），包括项目导航栏、代码编辑区、控制台输出区等主要功能区域。

图 3-13 打开项目文件夹

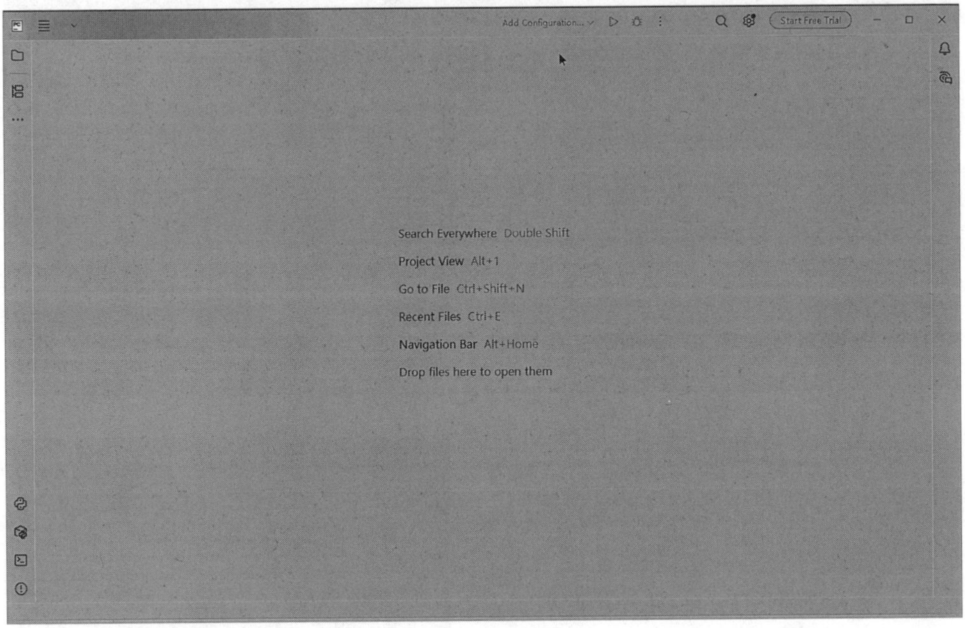

图 3-14 完整工作界面

步骤5：界面汉化。

对英文界面不太熟悉的用户，PyCharm提供了中文语言包支持。通过安装中文插件，可以将整个界面汉化（见图3-15）。安装完成后需要重启PyCharm，重启后的界面会完全显示为中文（见图3-16），包括菜单栏、工具栏、设置选项等，大大降低了软件的使用门槛。

图 3-15　汉化并重启

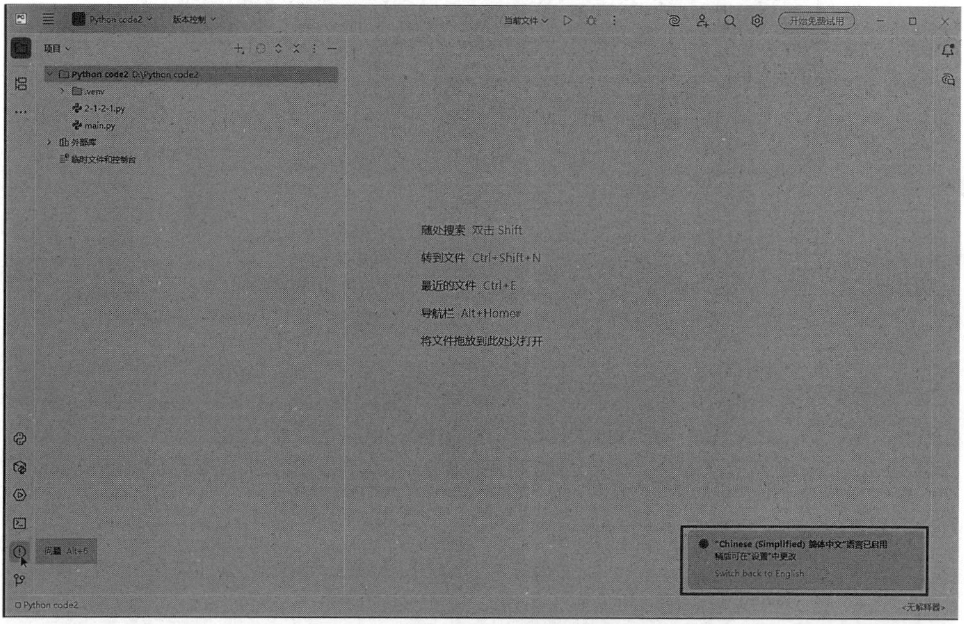

图 3-16　整体界面汉化后的结果

步骤6：主题设置。

PyCharm 提供了多种界面主题供用户选择。要更改主题，需要打开设置对话框。单击菜单栏中的“文件”选项，然后选择“设置”命令（见图 3-17）。

在“设置”窗口中，找到“外观和行为”类别下的“外观”选项（见图 3-18）。在“主题”下拉列表框中，可以看到多个可选主题，包括暗色主题和亮色主题。

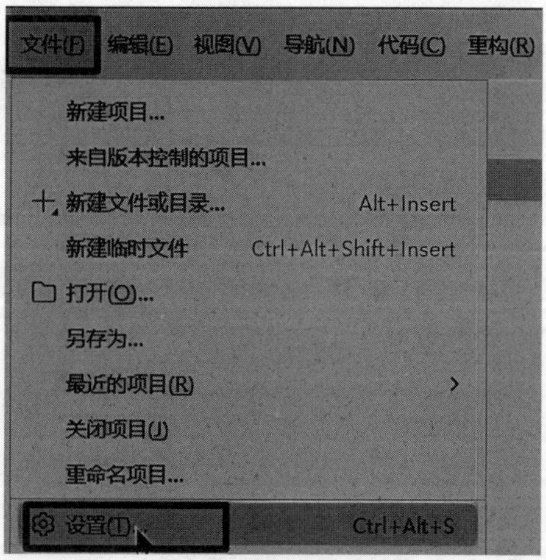

图 3-17　选择“设置”命令

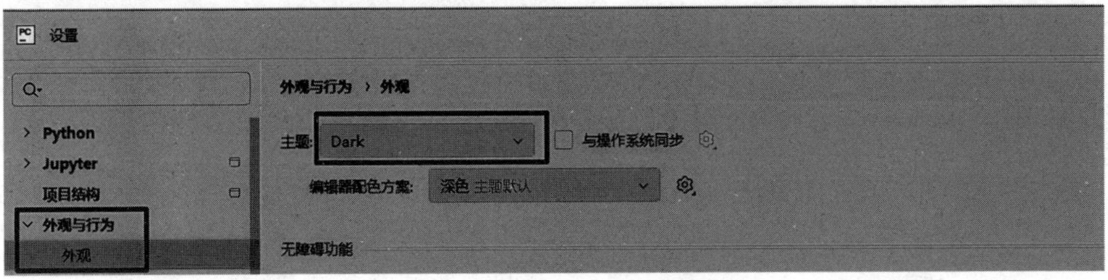

图 3-18　“外观和行为”类别

如果长时间编程容易视觉疲劳，建议选择亮色主题（见图3-19）。选择好主题后，单击“确定”按钮（见图3-20）。

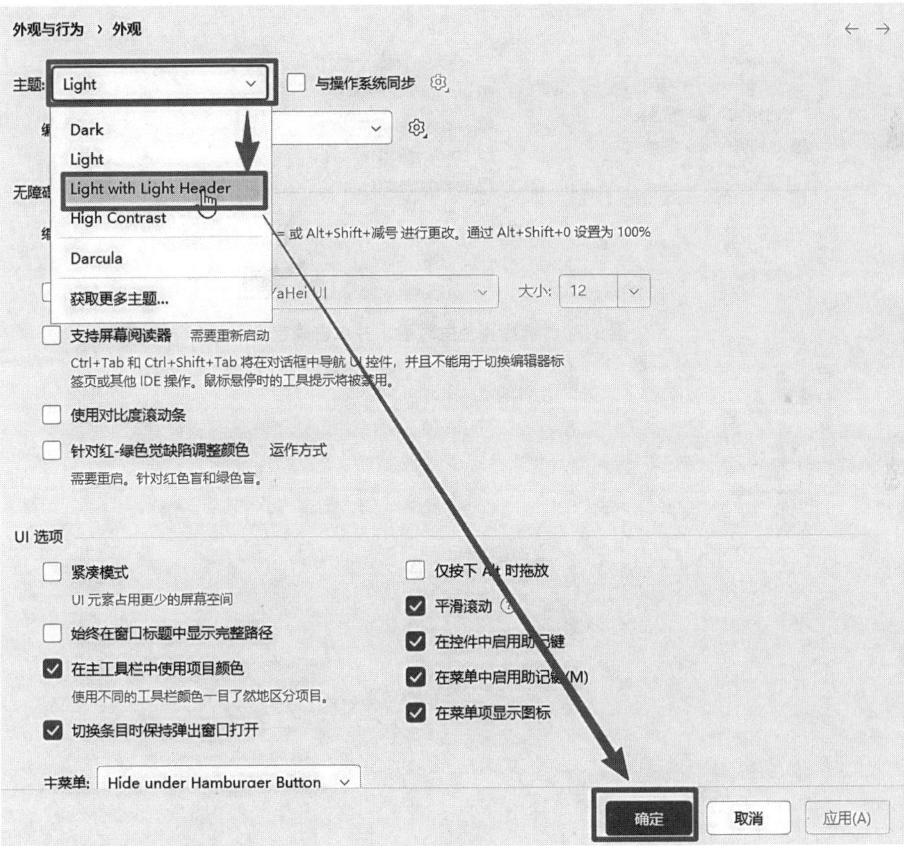

图 3-19　选择亮色主题

更改主题会立即生效，整个PyCharm界面会根据所选主题呈现不同的配色方案（见图3-21）。亮色主题背景为白色，代码高亮，颜色相对柔和，适合在光线充足的环境下使用。

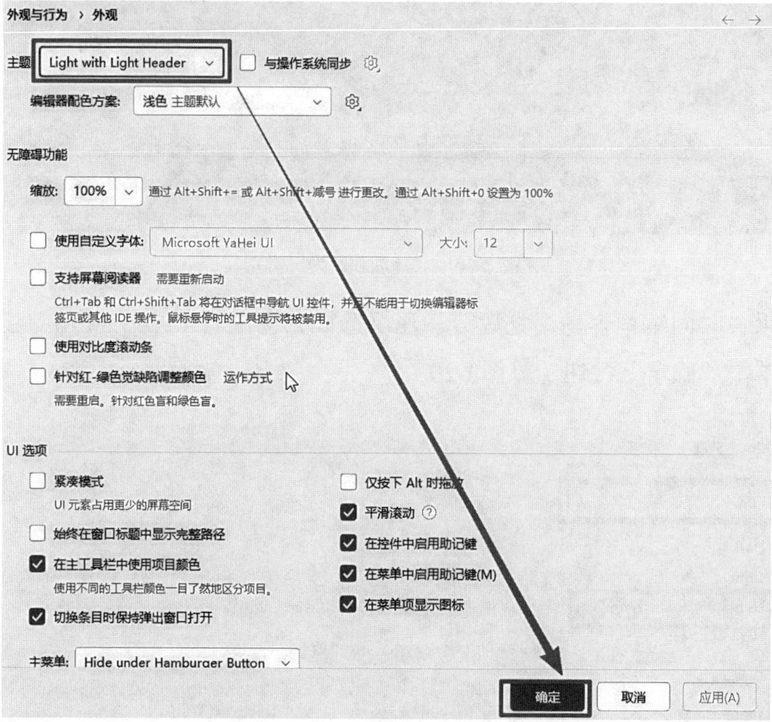

图 3-20　选择亮色主题后，并单击确定

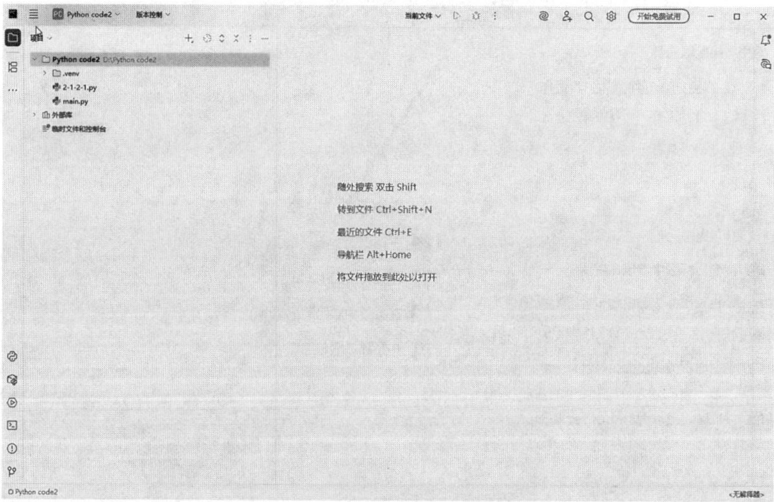

图 3-21　选择亮色主题后的界面

步骤7：Python软件包管理器的使用。

PyCharm集成了强大的包管理功能。在界面左下角可以找到“Python软件包”按钮（见图3-22），单击后会打开包管理器界面。

步骤8：安装Anaconda环境。

在安装包管理器的搜索框中输入Anaconda（见图3-23），可以搜索到与Anaconda相关的安装包。Anaconda是Python科学计算的重要发行版，包含大量常用的科学计算库。

然后进行安装（见图3-24）。单击“安装”按钮后，PyCharm会自动下载并安装该包及其依赖项。在安装过程中会显示进度信息。

图3-22 单击“Python软件包”按钮

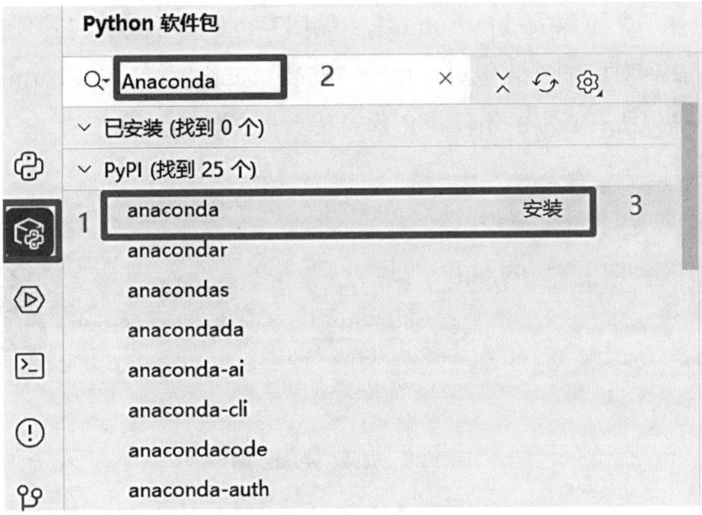

图3-23 搜索Anaconda

安装完成后，安装包管理器会显示安装成功的提示信息（见图3-25），表示Anaconda环境已经成功集成到当前项目中。

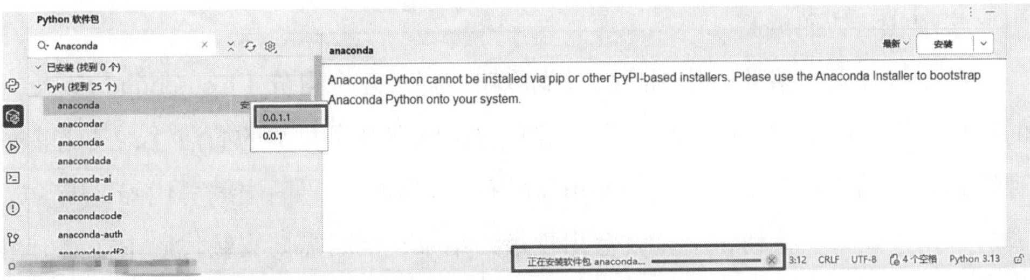

图3-24 等待安装

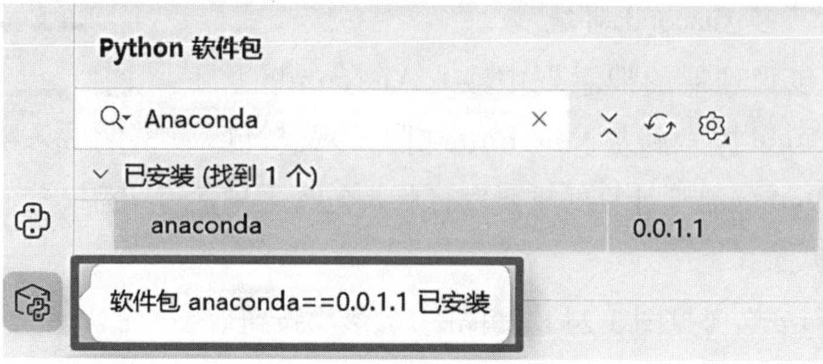

图 3-25 安装 Anaconda 环境完成后的显示

步骤9：安装第三方库。

除了Anaconda环境，还可以根据项目需求安装其他第三方库。例如，如果需要进行音频处理，可以安装PyAudio库（见图3-26）。在安装包管理器搜索框中输入库名，找到对应的安装包后，单击“安装”按钮即可。PyCharm会自动处理依赖关系，确保所有必需的组件都正确安装。

图 3-26 安装 PyAudio 库

通过以上步骤，PyCharm的安装和基础配置就全部完成了。配置好的PyCharm环境不仅界面友好，而且功能完善，可以满足从入门到专业的各种Python开发需求。在实际使用过程中，用户还可以根据个人习惯进一步调整编辑器设置、快捷键配置、代码风格等选项，打造最适合自己的开发环境。

步骤10：代码编写。

系统设计采用基于阈值判断的分类策略，通过复合得分（Compound Score）的数值范围来确定文本的情感类别。这种方法既保持了分类的简洁性，又能够处理情感表达的细微差别。在PyCharm界面右方的程序编码区中编写代码，编写完成后单击“运行”按钮，下方就会出现最终结果，同时需要安装代码中需要引用的代码库（见图3-27）。

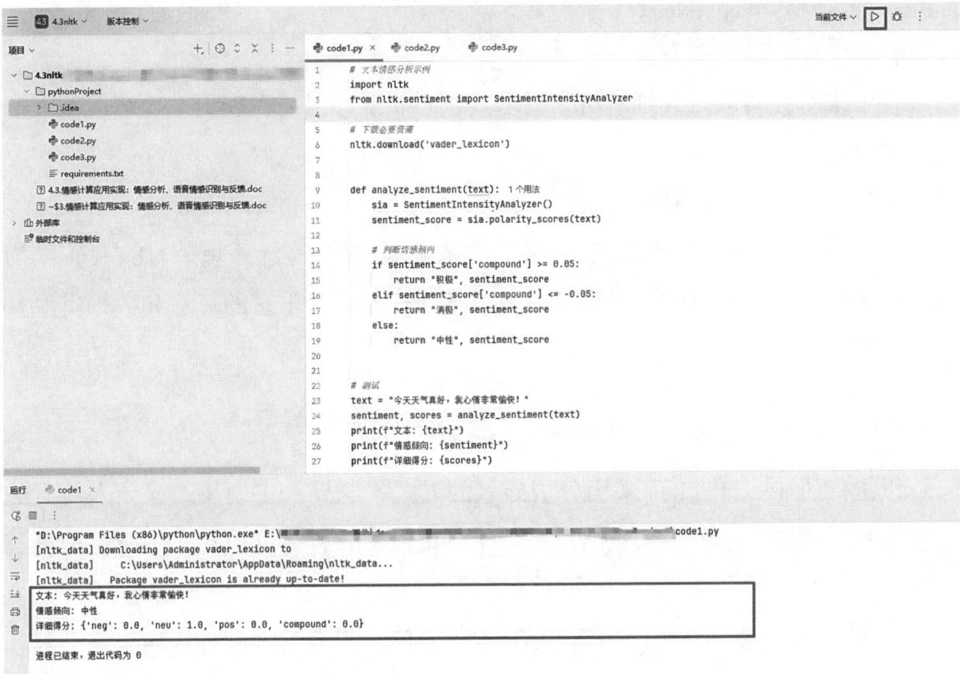

图 3-27　代码和运行结果

具体代码如下。

```
# 文本情感分析示例
import nltk
from nltk.sentiment import SentimentintensityAnalyzer

# 下载必要资源
nltk.download('vader_lexicon')

def analyze_sentiment(text):
    sia = SentimentintensityAnalyzer( )
    sentiment_score = sia.polarity_scores(text)

    # 判断情感倾向
    if sentiment_score['compound'] >= 0.05:
        return "积极", sentiment_score
    elif sentiment_score['compound'] <= -0.05:
        return "消极", sentiment_score
    else:
        return "中性", sentiment_score

# 测试
text = "今天天气真好，我心情非常愉快！"
sentiment, scores = analyze_sentiment(text)
print(f"文本：{text}")
```

```
print(f"情感倾向: {sentiment}")
print(f"详细得分: {scores}")
```

接下来对代码进行详细解析，揭示其核心要素，以便大家更好地掌握和理解这一内容。

（1）依赖库导入与环境配置

系统开发的初始步骤是建立完善的依赖关系和运行环境。NLTK库作为Python自然语言处理的核心工具包，为情感分析提供了丰富的算法和数据资源。具体代码如下。

```
import nltk
from nltk.sentiment import SentimentintensityAnalyzer
```

以上代码中，NLTK库采用分层导入的方式，既导入主模块，又导入特定的情感分析子模块。这种导入策略既确保了功能的完整性，又避免了不必要的资源占用。

SentimentintensityAnalyzer类是NLTK中专门用于情感强度分析的工具，其基于VADER算法实现。该算法特别适合处理社交媒体文本和informal语言，对表情符号、标点符号和大小写变化都有很好的适应性。

（2）数据资源下载与初始化

情感分析系统的正常运行需要预先下载必要的语言资源和词典数据。资源管理是确保系统稳定运行的重要环节。具体代码如下。

```
# 下载必要资源
nltk.download('vader_lexicon')
```

可以看出VADER词典的下载是系统初始化的关键步骤。该词典包含大量经过人工标注的情感词汇及其情感强度评分，是进行准确情感分析的基础数据。

资源下载采用NLTK内置的下载机制，该机制会自动处理网络连接、文件验证和本地存储等复杂的操作。系统会将下载的资源缓存到本地，避免重复下载对性能的影响。

下载过程中的错误处理虽然在代码中没有显式体现，但NLTK提供了完善的异常处理机制，能够应对网络中断、存储空间不足等各种异常情况。

（3）核心分析函数设计

情感分析函数的设计是整个系统的核心，需要实现从文本输入到情感判断的完整流程。函数设计采用单一职责原则，专注于情感分析的核心逻辑。具体代码如下。

```
def analyze_sentiment(text):
    sia = SentimentintensityAnalyzer( )
    sentiment_score = sia.polarity_scores(text)
```

以上函数内部的SentimentintensityAnalyzer实例化采用了局部创建的方式。这种设计虽然在每次调用时都会创建新实例，但避免了全局状态管理的复杂性，提高了函数的线程安全性。

polarity_scores方法返回一个包含多个情感维度得分的字典。这些得分包括正面（pos）、负面（neg）、中性（neu）和复合（compound）四个维度，为细粒度的情感分析提供了丰富的信息。

（4）情感分类逻辑实现

情感分类逻辑通过阈值判断将连续的情感得分转换为离散的情感类别。分类策略的设计需要平衡准确性和实用性。具体代码如下。

```
# 判断情感倾向
if sentiment_score['compound'] >= 0.05:
    return "积极", sentiment_score
elif sentiment_score['compound'] <= -0.05:
    return "消极", sentiment_score
else:
    return "中性", sentiment_score
```

以上复合得分的使用简化了多维情感信息的综合判断。该得分范围为-1到1，负值表示消极情感，正值表示积极情感，零值附近表示中性情感。

将阈值设置为-0.05或0.05提供了合理的分类边界。这个阈值既避免了过于敏感的分类（可能导致误判），又确保了足够的分类灵敏度，即能够识别明显的情感倾向。

三分类策略（积极、消极、中性）满足大多数应用场景的需求。这种简化的分类既便于系统理解和使用，又能够捕捉文本情感的主要特征。

（5）VADER算法原理与优势

VADER情感分析算法是专门针对社交媒体文本设计的词典和规则相结合的方法。该算法的核心优势在于能够处理现代网络语言的各种特殊表达方式。算法词典的构建基于大规模的人工标注数据，包含超过7500个词汇的情感评分。每个词汇都有对应的情感强度值，范围为-4（极度消极）到+4（极度积极）。其规则是系统处理各种语言现象对情感表达的影响。例如，大写字母表示强调，感叹号表示情感加强，否定词会翻转情感极性，程度副词会调节情感强度。

（6）情感得分计算机制

情感得分的计算采用综合考虑多个因素的复杂算法，不仅考虑词汇本身的情感值，还考虑上下文、标点符号和语法结构的影响。具体代码如下。

```
sentiment_score = sia.polarity_scores(text)
```

可以看出polarity_scores方法返回的四个维度的得分各有特定的含义。正面得分（pos）表示文本中积极情感的强度，负面得分（neg）表示文本中消极情感的强度，中性得分（neu）表示文本中中性内容的强度。复合得分（compound）是最重要的综合指标，通过标准化处理将各维度得分合并为单一数值。该得分考虑了情感强度的总体效应，是进行情感分类的主要依据。标准化处理确保了不同长度文本之间的可比性。无论文本长短，复合得分都在-1到1的固定范围内，便于设置统一的分类阈值。

（7）分类阈值的选择策略

分类阈值的选择直接影响情感分析的准确性和实用性。当前设置的-0.05和0.05阈值是基于大量实验和应用实践得出的经验值。阈值的设计考虑了情感表达的模糊性和上下文依赖性。过低的负向阈值可能导致过度敏感的分类，将轻微的情感倾向放大为明确的情感类别。过高的阈值则可能遗漏真实的情感信息。中性类别的设置为处理模糊的情感提供了缓冲区间。在-0.05到0.05范围内的得分被归类为中性，这种设计符合人类情感表达的实际情况，许多文本确实不包含明显的情感倾向。

动态阈值调整是系统优化的一个方向。根据具体应用领域和用户反馈，我们可以调整阈值参数以获得更好的分类效果（见图3-28）。

```
文本: 今天天气真好，我心情非常愉快!
情感倾向: 中性
详细得分: {'neg': 0.0, 'neu': 1.0, 'pos': 0.0, 'compound': 0.0}

进程已结束，退出代码为 0
```

图 3-28　以上代码执行结果

通过不断优化代码和阈值设置，可以进一步提高情感分析的准确性和实用性。

3.1.2　语音情感识别

语音情感识别系统采用传统机器学习的技术路线，通过音频信号处理和特征工程的方式实现对语音中情感状态的自动识别。系统的核心设计理念是将复杂的音频信号转换为可量化的数值特征，然后利用机器学习算法学习特征与情感类别之间的映射关系。

编程架构遵循数据流水线的设计模式，将音频预处理、特征提取、模型训练和情感预测等步骤组织为清晰的功能模块。这种模块化设计不仅提高了代码的可维护性，还便于各个组件的独立测试和优化。

系统设计采用监督学习的策略，通过大量带标签的语音数据训练分类模型。随机森林算法的选择平衡了模型复杂度和性能表现，既能处理高维特征数据，又具有良好的泛化能力和可解释性。

语音情感识别通过分析说话人的语调、音高、语速等声学特征来判断其情绪状态，在许多领域都有重要应用。接下来将通过三个具体的例子来说明语音情感识别的应用场景。

① 客服中心的服务质量监控：现代客服中心广泛应用语音情感识别技术来提升服务质量。系统能实时监测通话中客户的情绪变化，当检测到客户语气中出现愤怒或焦躁情绪时，会立即向客服人员发出提醒，建议采取安抚措施。比如，当客户说话音量突然提高、语速加快时，系统会判断客户可能正在生气，此时可以提示客服人员放慢语速、降低音调来缓和气氛。如果情绪持续恶化，系统还会建议将电话转接给更有经验的主管。这种技术不仅能够提高客户满意度，还能帮助企业对客服人员进行培训，通过分析历史通话中的情绪模式来改进服务流程。

② 智能汽车的驾驶安全辅助：汽车制造商正在将语音情感识别集成到智能驾驶系统中，以提高行车安全。系统通过分析驾驶员与车载助手对话时的声音特征，判断驾驶员是否处于疲劳、愤怒或焦虑状态。例如，当检测到驾驶员说话含糊、反应迟钝时，表明其可能正在打瞌睡，系统会通过播放提神音乐、建议休息或开启车窗通风来帮助驾驶员保持清醒。如果识别到驾驶员因路况或其他原因产生路怒情绪，语气急躁、音量升高，系统会播放舒缓的音乐，调节车内氛围灯，甚至在导航时选择更通畅的路线，避免加剧驾驶员的负面情绪。

③ 心理健康的远程评估：心理健康领域正在探索使用语音情感识别进行初步筛查和持续监测。在远程心理咨询中，系统能够分析患者语音中的细微变化，

帮助医生更准确地评估患者的情绪状态。比如，抑郁症患者往往表现出语速缓慢、音调平坦、停顿增多等特征，而焦虑症患者可能出现语速过快、音调起伏大等特点。通过定期的电话随访，系统可以追踪患者语音情感的变化趋势，及时发现病情变化的迹象。一些心理健康应用还允许用户通过语音日记功能记录每天的心情，系统地分析这些录音的情感特征，生成情绪变化报告，帮助用户和医生更好地了解情绪波动规律，制订更有效的治疗方案。

这些应用展示了语音情感识别如何超越文字内容，通过声音本身传递的情感信息来改善人机交互、保障安全和促进健康。

虚拟环境是Python项目管理的最佳实践。通过创建独立的虚拟环境，可以避免不同项目之间的依赖冲突。通过requirements.txt文件指定每个依赖包的具体版本，确保开发和生产环境的一致性。版本冲突是导致系统不稳定的常见原因，因此依赖顺序的管理需要考虑安装包之间的依赖关系，确保基础包先于依赖包安装。某些安装包的安装可能需要特定的系统库支持。在PyCharm界面右方的程序编码区中编写代码，编写完成后单击“运行”按钮，下方就会出现最终结果，同时需要安装代码中所需要引用的代码库（见图3-29）。

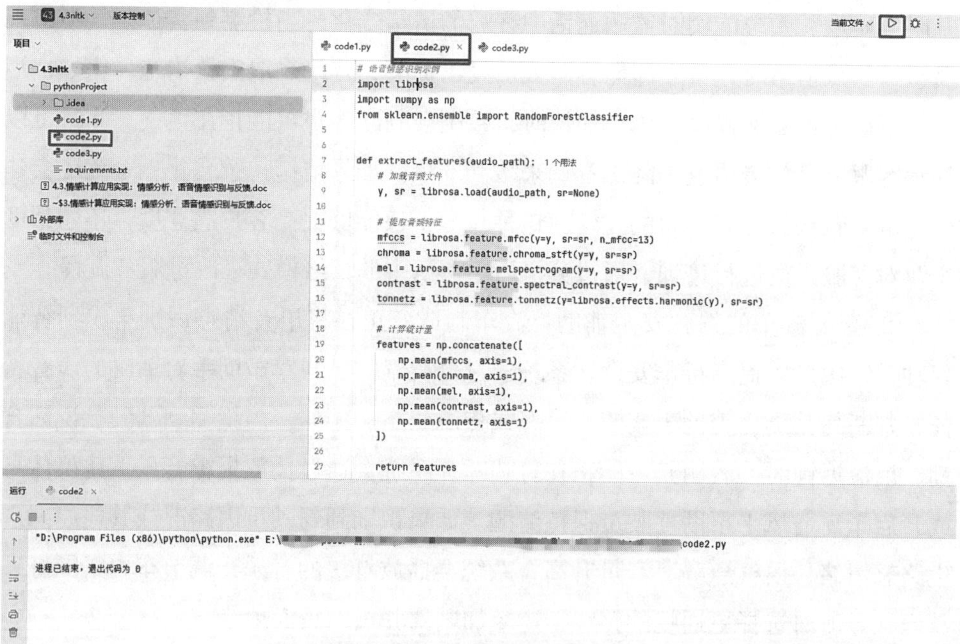

图 3-29　代码和进行结果

具体代码如下。

```
# 语音情感识别示例
import librosa
import numpy as np
from sklearn.ensemble import RandomForestClassifier

def extract_features(audio_path):
    # 加载音频文件
    y, sr = librosa.load(audio_path, sr=None)

    # 提取音频特征
    mfccs = librosa.feature.mfcc(y=y, sr=sr, n_mfcc=13)
    chroma = librosa.feature.chroma_stft(y=y, sr=sr)
    mel = librosa.feature.melspectrogram(y=y, sr=sr)
    contrast = librosa.feature.spectral_contrast(y=y, sr=sr)
    tonnetz = librosa.feature.tonnetz(y=librosa.effects.harmonic(y), sr=sr)

    # 计算统计量
    features = np.concatenate([
        np.mean(mfccs, axis=1),
        np.mean(chroma, axis=1),
        np.mean(mel, axis=1),
        np.mean(contrast, axis=1),
        np.mean(tonnetz, axis=1)
    ])

    return features

# 假设我们已经有了训练好的模型
def train_emotion_model(X_train, y_train):
    model = RandomForestClassifier(n_estimators=100)
    model.fit(X_train, y_train)
    return model

def predict_emotion(audio_path, model):
    features = extract_features(audio_path)
    emotion = model.predict([features])[0]
    return emotion

# 注意：在实际应用中，需要使用标注数据集训练模型
# 这里只是示例框架
```

接下来对代码进行详细解析，揭示其核心要素，以便大家更好地理解和掌握这一内容。

（1）依赖库导入与环境配置

语音情感识别系统需要集成多个专业库来处理不同层面的技术需求。每个库的选择都有其特定的技术考量和功能定位。具体代码如下。

```
import librosa
import numpy as np
from sklearn.ensemble import RandomForestClassifier
```

可以看出Librosa库是Python生态系统中比较专业的音频信号处理工具包，提供了音频加载、特征提取和信号变换等完整的功能。该库特别擅长音乐和语音的分析处理，是音频机器学习项目的首选工具。

NumPy库为数值计算提供了高效的数组操作和数学函数支持。在音频特征处理中，NumPy的向量化操作能够显著提高计算效率，特别是在处理大规模特征矩阵时。

Scikit-learn库中的RandomForestClassifier提供了成熟的随机森林算法实现。该算法对特征缩放不敏感，能够自动处理特征重要性选择，适合处理音频特征的高维数据。

（2）音频特征提取核心实现

音频特征提取是语音情感识别的核心技术环节，需要从原始音频信号中提取能够反映情感特征的数值表示。特征选择的质量直接决定了后续分类模型的性能上限。具体代码如下。

```
def extract_features(audio_path):
    # 加载音频文件
    y, sr = librosa.load(audio_path, sr=None)
```

以上代码中，音频文件加载采用librosa.load函数，该函数能够处理多种音频格式并自动进行必要的预处理。sr=None参数保持音频的原始采样率，避免重采样可能带来的信息损失。

返回的y是音频的时域波形数据，sr是采样率。这两个参数是后续所有特征提取操作的基础输入，音频的所有声学特征都将从这些原始数据中计算得出。

（3）MFCC特征提取与分析

梅尔频率倒谱系数（Mel-Frequency Cepstral Coefficients，MFCC）是语音信号处理中最重要的特征之一，模拟了人类听觉系统的频率感知特性。具体代码如下。

```
# 提取音频特征
mfccs = librosa.feature.mfcc(y=y, sr=sr, n_mfcc=13)
```

以上代码中，MFCC特征的提取通过模拟人耳的听觉感知过程，将音频信号转换为更接近人类听觉特征的表示。n_mfcc=13表示提取13个MFCC系数，这是语音识别领域的标准配置。MFCC特征对语音的音色、发音方式和情感状态都有很好的表征能力。不同情感状态下的语音在MFCC特征空间中会表现出不同的分布模式，这为情感分类提供了重要依据。

(4)色度特征与音乐性分析

色度特征(Chroma)反映了音频信号在不同音高类别上的能量分布，主要用于分析音频的音乐性和谐波结构。具体代码如下。

```
chroma = librosa.feature.chroma_stft(y=y, sr=sr)
```

色度特征将频谱能量映射到12个半音类别上，形成一个12维的特征向量。在语音情感识别中，色度特征能够捕捉语音的音调变化和音乐性特征，这些特征与情感表达密切相关。

不同情感状态的语音在音调使用上会有显著差异。例如，积极情感通常伴随更丰富的音调变化，而消极情感可能表现为相对单调的音高模式。

(5)梅尔频谱与频域分析

梅尔频谱图提供了音频信号在时频域的详细表示，是现代语音处理中广泛使用的特征表示方法。具体代码如下。

```
mel = librosa.feature.melspectrogram(y=y, sr=sr)
```

梅尔频谱图通过梅尔滤波器组将线性频谱转换为更符合人类听觉感知的表示。这种转换强调了人类听觉更敏感的频率区域，弱化了不重要的频率成分。梅尔频谱特征能够捕捉语音的频谱包络变化，反映声带振动模式和声道共振特性。不同情感状态下的语音在频谱能量分布上会表现出特征性差异。

(6)频谱对比度与动态特征

频谱对比度特征量化了音频信号在不同频带之间的能量差异，反映了声音的动态范围和频谱结构的复杂程度。具体代码如下。

```
contrast = librosa.feature.spectral_contrast(y=y, sr=sr)
```

频谱对比度通过计算频谱峰值与谷值之间的差异来衡量音频的动态特性。高对比度通常表示丰富的频谱变化，而低对比度则表示相对平坦的频谱结构。在情感语音分析中，频谱对比度能够反映说话人的情感激动程度。激动的情感状态通常伴随更大的频谱动态范围，而平静的状态则表现为较小的对比度值。

(7)调性网络与和声分析

调性网络(Tonnetz)基于音乐理论中的和声空间概念，用于分析音频信号的和声结构和调性特征。具体代码如下。

```
tonnetz = librosa.feature.tonnetz(y=librosa.effects.harmonic(y), sr=sr)
```

以上代码中，计算调性网络特征首先通过harmonic函数提取音频的和声成分，然后在六维调性空间中表示和声关系。这种表示能够捕捉音频的和声，并进行和调性变化。虽然调性网络特征主要应用于音乐分析，但在语音情感识别中也能提供有价值的信息。人类的情感表达常常伴随着语调的和声变化，这些变化可以通过调性网络特征来捕捉。

（8）特征统计量计算与降维

原始的音频特征通常是二维的时序数据，需要通过计算统计量转换为固定维度的特征向量，以满足机器学习算法的输入要求。具体代码如下。

```
# 计算统计量
features = np.concatenate([
    np.mean(mfccs, axis=1),
    np.mean(chroma, axis=1),
    np.mean(mel, axis=1),
    np.mean(contrast, axis=1),
    np.mean(tonnetz, axis=1)
])
```

可以看出均值计算是最常用的统计量提取方法，通过对时间轴的平均操作，将时变特征转换为静态特征。这种处理方式能够获得特征的整体趋势，过滤掉短时波动的影响。特征拼接通过np.concatenate函数将不同类型的特征组合为单一的特征向量。这种组合方式简单有效，能够充分利用多种特征的互补信息。axis=1参数指定在特征维度方向进行拼接操作，以保留时间序列的完整性。最终得到的特征向量包含所有特征类型的统计信息，为后续的分类提供了丰富的输入信息。

（9）特征向量的维度分析

最终的特征向量维度取决于各个特征类型的贡献。MFCC贡献13维，色度特征贡献12维，梅尔频谱的维度取决于默认设置（通常是40维），频谱对比度贡献7维，调性网络贡献6维。高维特征向量提供了丰富的音频信息，但也可引入维度灾难问题。在实际应用中，需要通过特征选择或降维技术来优化特征集合的质量。

特征标准化在当前示例中没有被显式处理，但在实际应用中通常是必要的。不同特征类型的数值范围可能差异很大，标准化能够确保所有特征对模型训练的贡献相对均衡。

（10）随机森林模型的选择与配置

随机森林算法的选择基于其在处理高维特征数据方面的优势。该算法能够自动进行特征重要性评估，对异常值和噪声有较好的鲁棒性。具体代码如下。

```
def train_emotion_model(X_train, y_train):
    model = RandomForestClassifier(n_estimators=100)
    model.fit(X_train, y_train)
    return model
```

其中，n_estimators=100参数设置的是森林中决策树的数量。这个数值在计算复杂度和模型性能之间提供了合理的平衡，既能获得足够的模型复杂度，又不会导致过大的计算开销。

模型训练采用标准的fit方法，需要提供训练特征X_train和对应的情感标签y_train。训练数据的质量和数量是决定模型性能的关键因素。函数返回训练好的模型对象，该对象包含学习到的所有参数和决策规则。模型对象可以被保存到文件中，以便在后续的预测任务中重复使用。

（11）模型训练的数据需求

训练数据集需要包含大量不同情感类别的语音样本，每个样本都需要有准确的情感标签。数据集的规模和质量直接影响模型的性能。数据平衡性是训练有效模型的重要因素。各个情感类别的样本数量应该相对均衡，避免模型偏向于样本数量较多的类别。

数据多样性包括不同的说话人、不同的录音环境、不同的语言内容等方面的变化。充分的数据多样性能够提高模型的泛化能力，降低过拟合的风险。

（12）预测函数的实现逻辑

情感预测函数整合了特征提取和模型预测的完整流程，为外部应用提供了简洁的接口。具体代码如下。

```
def predict_emotion(audio_path, model):
    features = extract_features(audio_path)
    emotion = model.predict([features])[0]
    return emotion
```

在实现过程中，需要注意以下关键点。

① 预测流程：首先调用特征提取函数，以获得音频的特征表示，然后使用训练好的模型进行分类预测。这种两阶段设计使得预测过程清晰可控。

② 特征向量的封装：通过[features]操作将一维特征向量转换为二维数组，

以满足sklearn模型predict方法的输入格式要求。

③ 预测结果的提取。通过索引[0]获取第一个（也是唯一的）预测结果。返回的情感标签是模型训练时使用的类别标识符。

（13）系统部署的技术考虑

实际部署时需要考虑模型的持久化存储和加载。训练好的模型可以通过pickle或joblib库保存到文件中，在预测时动态加载。性能优化包括特征提取的加速、模型预测的批处理等方面。对于实时应用，可能需要考虑使用更快的特征提取算法或模型压缩技术。

错误处理机制需要覆盖音频文件读取失败、特征提取异常、模型预测错误等各种可能的异常情况。鲁棒的错误处理是生产系统的基本要求。

（14）必须依赖包的功能分析

系统的正常运行需要安装多个Python包，每个安装包都具有特定的技术功能。具体代码如下。

```
pip install numpy scipy scikit-learn matplotlib soundfile
```

在上述代码中，NumPy和SciPy提供了数值计算的基础支持，包括数组操作、数学函数和科学计算功能。这些库是几乎所有数据科学项目的基础依赖。

Scikit-learn提供了机器学习算法的实现，包括分类、回归、聚类和模型评估等功能。该库的API设计简洁统一，是Python机器学习的标准选择。

Matplotlib库虽然在当前代码中没有直接使用，但在模型开发和调试过程中，对数据可视化和结果分析来说非常重要。

SoundFile库为音频文件的读写提供了底层支持，是librosa库的重要依赖。该库支持多种音频格式，以确保系统的文件兼容性。

3.1.3 情感反馈系统

多模态情感反馈系统采用文本和语音双重输入的技术架构，通过融合不同模态的情感信息来提供更准确和全面的情感分析结果。系统的核心设计理念是将文本语义分析和语音声学特征分析相结合，构建能够理解用户复杂情感状态的智能交互系统。系统架构遵循面向对象的设计模式，将情感分析、音频处理和反馈生成等功能封装为独立的类和方法。这种设计提供了良好的代码组织结构，便于功能扩展和模块复用，同时确保了系统的可维护性和可测试性。

情感反馈系统通过识别用户情绪并做出相应的调整，实现更智能的人机交互。接下来通过三个具体的例子来说明这种双向互动系统的应用场景。

① 在线教育的个性化学习调节：现代在线教育平台正在部署情感反馈系统来优化学生的学习体验。系统通过摄像头捕捉学生的面部表情，分析鼠标移动轨迹和答题速度，实时判断学生的学习状态。当检测到学生表现出困惑的表情、频繁回看某个知识点或答题时间明显延长时，系统判断学生可能遇到了理解困难，会自动调整教学策略，比如降低讲解速度、提供更多示例说明或推送相关的基础知识复习材料；相反，如果学生表现出无聊或不耐烦的情绪，快速跳过内容或频繁查看进度条，系统会加快教学节奏或提供更有挑战性的练习题。这种动态调整让每个学生都能以最适合自己的节奏和方式学习，显著提高学习效率和完成率。

② 智能家居的情绪化环境调控：智能家居系统通过整合多种传感器形成情感反馈闭环，为居住者创造舒适的生活环境。系统综合分析居住者的语气情绪、活动模式和生理指标（如通过智能手表获取的心率数据），实时调整家居环境。比如，当系统检测到用户下班回家时语气疲惫、脚步沉重，会自动调暗灯光至柔和的暖色调，播放轻松的背景音乐，将室温调节到最舒适的范围，甚至启动香薰机释放薰衣草香味帮助用户放松。如果检测到用户正在与家人激烈争吵，情绪激动，系统会逐渐调整环境：略微降低室温，播放舒缓、自然的声音，将灯光调整为有镇定作用的蓝绿色调，潜移默化地帮助缓和紧张的气氛。

③ 游戏体验的动态难度平衡：现代游戏越来越多地采用情感反馈系统来提供更好的游戏体验。系统通过分析玩家的操作模式、反应时间，以及通过摄像头或可穿戴设备获取的生理数据，实时评估玩家的情绪状态和投入程度。当检测到玩家因连续失败而产生挫败感时，表现为操作变得急躁、频繁出错或出现愤怒表情，系统会悄然降低游戏难度，比如减少敌人数量、提供更多提示或暗中提高玩家的命中率，帮助玩家重建信心。而当玩家表现出无聊的情绪，如操作变得机械、注意力分散时，系统会增加挑战性元素，引入新的游戏机制或更强的对手。这种动态平衡让玩家始终保持在“心流”状态，让玩家既不会因太难而放弃，也不会因太简单而失去兴趣，大大提升了游戏的吸引力和玩家的留存率。

这些例子展示了情感反馈系统如何通过持续的情绪监测和智能响应，创造更加人性化和适应性强的交互体验，让技术真正理解并回应人类的情感需求。

系统设计采用多线程并发处理的策略，通过并行执行文本分析和音频录制来提高用户体验和系统响应速度。这种设计使得用户可以同时进行文本输入和语音表达，系统能够实时收集和处理多模态的情感信息。在PyCharm界面右方的程序编码区中编写代码，编写完成后单击“运行”按钮，下方就会出现最终结果，同时需要安装代码中需要引用的代码库（见图3-30）。

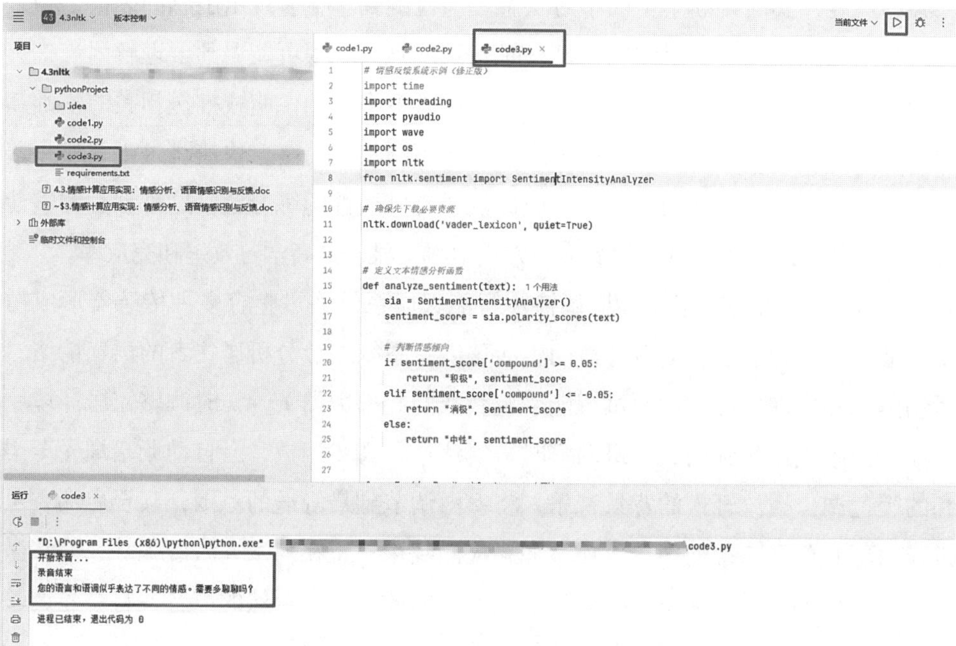

图 3-30　代码和进行结果

具体代码如下。

```
# 情感反馈系统示例
import time
import threading
import pyaudio
import wave
import os
import nltk
from nltk.sentiment import SentimentintensityAnalyzer

# 确保先下载必要资源
nltk.download('vader_lexicon', quiet=True)

# 定义文本情感分析函数
def analyze_sentiment(text):
    sia = SentimentintensityAnalyzer( )
    sentiment_score = sia.polarity_scores(text)
```

```
    # 判断情感倾向
    if sentiment_score['compound'] >= 0.05:
        return "积极", sentiment_score
    elif sentiment_score['compound'] <= -0.05:
        return "消极", sentiment_score
    else:
        return "中性", sentiment_score

class EmotionFeedbackSystem:
    def __init__(self, text_model, audio_model):
        self.text_model = text_model
        self.audio_model = audio_model
        self.recording = False
        self.audio_file = "temp_recording.wav"

    def record_audio(self, duration=5):
        """录制音频"""
        chunk = 1024
        format = pyaudio.paint16
        channels = 1
        rate = 44100

        p = pyaudio.PyAudio( )
        stream = p.open(format=format,
                        channels=channels,
                        rate=rate,
                        input=True,
                        frames_per_buffer=chunk)

        print("开始录音...")
        frames = []
        self.recording = True

        for _ in range(0, int(rate / chunk * duration)):
            if not self.recording:
                break
            data = stream.read(chunk)
            frames.append(data)

        print("录音结束")
        stream.stop_stream( )
        stream.close( )
        p.terminate( )

        # 保存音频文件
        wf = wave.open(self.audio_file, 'wb')
        wf.setnchannels(channels)
        wf.setsampwidth(p.get_sample_size(format))
        wf.setframerate(rate)
        wf.writeframes(b''.join(frames))
```

```
        wf.close( )

    def analyze_input_text(self, text):
        """分析文本情感"""
        sentiment, scores = self.text_model(text)
        return sentiment, scores

    def analyze_input_audio(self):
        """分析语音情感"""
        emotion = self.audio_model(self.audio_file)
        return emotion

    def generate_feedback(self, text_sentiment, audio_emotion):
        """生成综合情感反馈"""
        # 简单的规则引擎
        if text_sentiment == "积极" and audio_emotion in ["happy", "excited"]:
            return "你看起来心情很好！有什么我可以帮助你的吗？"
        elif text_sentiment == "消极" and audio_emotion in ["sad", "angry"]:
            return "你似乎有些不开心。需要我提供一些帮助或建议吗？"
        elif text_sentiment != audio_emotion:
            return "你的语言和语调似乎表达了不同的情感。需要多聊聊吗？"
        else:
            return "感谢你的反馈。我会根据你的情感状态提供合适的服务。"

    def process_interaction(self, text_input):
        """处理一次完整的交互"""
        # 录音线程
        record_thread = threading.Thread(target=self.record_audio)
        record_thread.start( )

        # 处理文本
        text_sentiment, _ = self.analyze_input_text(text_input)

        # 等待录音完成
        record_thread.join( )

        # 分析语音
        audio_emotion = self.analyze_input_audio( )

        # 生成反馈
        feedback = self.generate_feedback(text_sentiment, audio_emotion)

        # 清理临时文件
        if os.path.exists(self.audio_file):
            os.remove(self.audio_file)

        return feedback

# 简单地模拟语音情感分析函数
def mock_audio_emotion_analyzer(audio_file_path):
    # 在实际应用中，这里应该使用真正的语音情感分析模型
    # 这里仅作为示例返回一个固定值
    return "happy"
```

```
# 示例使用
def demo_system( ):
    # 明确将分析函数传入
    system = EmotionFeedbackSystem(
        text_model=analyze_sentiment,  # 确保此函数已定义
        audio_model=mock_audio_emotion_analyzer  # 使用模拟的音频分析函数
    )

    response = system.process_interaction("今天真是个美好的一天! ")
    print(response)

# 可以直接运行测试
if __name__ == "__main__":
    demo_system( )
```

接下来对代码进行详细解析，揭示其核心要素，以便大家能够更好地掌握和理解这一内容。

（1）环境初始化与依赖管理

在系统开发的初始阶段，需要建立完整的运行环境，管理依赖关系。合理的依赖管理是确保系统稳定运行的基础。具体代码如下。

```
import time
import threading
import pyaudio
import wave
import os
import nltk
from nltk.sentiment import SentimentintensityAnalyzer

# 确保先下载必要资源
nltk.download('vader_lexicon', quiet=True)
```

以上模块导入的组织体现了系统的功能需求和技术架构。时间模块支持延迟控制和时间戳记录，线程模块实现并发处理能力，音频处理模块提供录音和文件操作功能。

PyAudio库是Python中较为专业的实时音频处理工具，提供了录音、播放和音频流处理的完整功能。Wave模块支持对WAV格式音频文件的读写操作，是音频数据持久化的标准工具。NLTK资源的预下载采用quiet=True参数来抑制下载信息的展示，从而提供更好的用户体验。这种预下载策略确保了后续情感分析功能正常运行。

（2）文本情感分析函数实现

文本情感分析函数为多模态系统提供了文本维度的情感识别能力。具体代码如下。

```
def analyze_sentiment(text):
    sia = SentimentintensityAnalyzer( )
    sentiment_score = sia.polarity_scores(text)

    # 判断情感倾向
    if sentiment_score['compound'] >= 0.05:
        return "积极", sentiment_score
    elif sentiment_score['compound'] <= -0.05:
        return "消极", sentiment_score
    else:
        return "中性", sentiment_score
```

以上函数的设计采用了标准化的输入、输出接口，返回简洁的情感类别和详细的得分信息。这种设计使得函数能够方便地被集成到更大的系统中，同时保持功能的独立性。为情感的三分类策略（积极、消极、中性）提供了清晰的情感区分，便于后续的融合分析和反馈生成。阈值设置保持了与单独文本分析系统的一致性。

（3）EmotionFeedbackSystem类的整体架构

EmotionFeedbackSystem类是整个系统的核心控制器，负责协调文本分析、语音处理和反馈生成等各个功能模块。具体代码如下。

```
class EmotionFeedbackSystem:
    def __init__(self, text_model, audio_model):
        self.text_model = text_model
        self.audio_model = audio_model
        self.recording = False
        self.audio_file = "temp_recording.wav"
```

以上构造函数采用依赖注入的设计模式，通过参数传入文本和音频分析的模型函数。这种设计提高了系统的灵活性，允许在运行时替换不同的分析算法，不需要修改核心逻辑。实例变量的设计考虑了系统状态管理的需求。recording标志用于控制录音过程，audio_file用于指定临时音频文件的存储位置。这些状态变量为系统的并发操作提供了必要的控制机制。

（4）音频录制功能的实现

音频录制功能采用PyAudio库实现实时音频流的捕捉和存储，支持高质量的音频数据采集。具体代码如下。

```
def record_audio(self, duration=5):
    """录制音频"""
    chunk = 1024
    format = pyaudio.paint16
```

```
    channels = 1
    rate = 44100
```

以上音频参数的配置考虑了音质和兼容性的平衡。chunk=1024设置了音频缓冲区的大小，影响录音的延迟和内存使用。16位深度和44.1千赫兹采样率提供了CD质量的音频效果。单声道配置（channels=1）减少了数据存储需求，对语音录制来说完全足够。这种配置在保证音质的同时优化了系统资源的使用。

（5）实时音频流处理逻辑

音频流的处理采用循环读取的方式，实现了可控制的录音过程。具体代码如下。

```
p = pyaudio.PyAudio( )
stream = p.open(format=format,
                channels=channels,
                rate=rate,
                input=True,
                frames_per_buffer=chunk)

print("开始录音...")
frames = []
self.recording = True

for _ in range(0, int(rate / chunk * duration)):
    if not self.recording:
        break
    data = stream.read(chunk)
    frames.append(data)
```

以上音频流的创建和配置通过PyAudio对象完成，input=True参数指定了录音模式；frames_per_buffer参数控制每次读取的音频帧数量。

录音循环设计支持提前终止功能，通过检查recording标志可以在需要时停止录音。这种设计提供了灵活的录音控制能力。音频数据的收集采用列表追加的方式，所有音频帧被顺序存储在frames列表中。这种内存中的临时存储方式适合短时间的音频录制需求。

（6）音频文件的保存与资源管理

录制完成后需要将音频数据保存为标准的WAV文件格式，以便后续分析处理。具体代码如下。

```
print("录音结束")
stream.stop_stream( )
stream.close( )
```

```
p.terminate( )

# 保存音频文件
wf = wave.open(self.audio_file, 'wb')
wf.setnchannels(channels)
wf.setsampwidth(p.get_sample_size(format))
wf.setframerate(rate)
wf.writeframes(b''.join(frames))
wf.close( )
```

可以看出资源清理的顺序很重要，首先停止音频流，然后关闭流对象，最后终止PyAudio实例。这种顺序确保了音频设备资源的正确释放。WAV文件的创建使用标准的wave模块，通过设置声道数、采样宽度和采样率等参数确保文件格式的正确性。音频数据通过字节拼接的方式写入文件。

（7）文本情感分析的系统集成

文本情感分析功能通过方法封装的方式集成到系统中，提供了标准化的分析接口。具体代码如下。

```
def analyze_input_text(self, text):
    """分析文本情感"""
    sentiment, scores = self.text_model(text)
    return sentiment, scores
```

以上方法的设计采用了简单的委托模式，将具体的分析工作委托给注入的text_model函数。这种设计保持了类的简洁性，同时提供了算法替换的灵活性。返回值的设计保持了与底层分析函数的一致性，包括情感类别和详细得分信息。这种设计便于调用者根据需要使用不同层次的分析结果。

（8）语音情感分析接口的设计

语音情感分析功能同样采用委托模式，将录制的音频文件传递给专门的分析函数进行处理。具体代码如下。

```
def analyze_input_audio(self):
    """分析语音情感"""
    emotion = self.audio_model(self.audio_file)
    return emotion
```

在上述代码中，音频文件路径的自动管理简化了方法调用。调用者不需要关心音频文件的具体位置，系统会自动使用当前录制的音频文件。语音情感分析的结果格式与文本分析不同，这种差异需要在后续的融合处理中进行标准化处理。

（9）情感融合的规则引擎实现

多模态情感融合采用基于规则的方法，通过预定义的规则集来判断综合情感状态并生成相应的反馈。

```
def generate_feedback(self, text_sentiment, audio_emotion):
    """生成综合情感反馈"""
    # 简单的规则引擎
    if text_sentiment == "积极" and audio_emotion in ["happy", "excited"]:
        return "你看起来心情很好！有什么我可以帮助你的吗？"
    elif text_sentiment == "消极" and audio_emotion in ["sad", "angry"]:
        return "你似乎有些不开心。需要我提供一些帮助或建议吗？"
    elif text_sentiment != audio_emotion:
        return "你的语言和语调似乎表达了不同的情感。需要多聊聊吗？"
    else:
        return "感谢你的反馈。我会根据你的情感状态提供合适的服务。"
```

可以看出规则引擎的设计考虑了不同模态之间的一致性和冲突情况。当文本和语音情感一致时，系统给出相应的积极或消极反馈；当两者不一致时，系统识别出这种矛盾并提供相应的引导。反馈文本的设计体现了人性化的交互原则，通过关怀性的语言和开放性的问题来建立与用户的情感联结。这种设计增强了系统的用户友好性。

（10）完整交互流程的实现

完整的交互处理流程整合了录音、文本分析、语音分析和反馈生成等功能模块。具体代码如下。

```
def process_interaction(self, text_input):
    """处理一次完整的交互"""
    # 录音线程
    record_thread = threading.Thread(target=self.record_audio)
    record_thread.start( )

    # 处理文本
    text_sentiment, _ = self.analyze_input_text(text_input)

    # 等待录音完成
    record_thread.join( )

    # 分析语音
    audio_emotion = self.analyze_input_audio( )

    # 生成反馈
    feedback = self.generate_feedback(text_sentiment, audio_emotion)

    # 清理临时文件
    if os.path.exists(self.audio_file):
        os.remove(self.audio_file)

    return feedback
```

上述代码可以看出使用多线程处理实现了文本分析和音频录制的并行执行。录音线程在后台运行写入操作的同时，主线程可以立即开始文本分析，从而提高了整体的处理效率。

线程同步通过join( )方法实现，确保录音完成后再进行语音分析。这种同步机制保证了处理流程的正确顺序。

临时文件的清理体现了良好的资源管理习惯。通过检查文件是否存在并及时删除临时文件，系统从而避免了磁盘空间的浪费。

（11）模拟语音分析函数的设计

在缺乏真实语音分析模型的情况下，系统提供了模拟函数来维持完整的功能流程。具体代码如下。

```
def mock_audio_emotion_analyzer(audio_file_path):
    # 在实际应用中，这里应该使用真正的语音情感分析模型
    # 这里仅作为示例返回一个固定值
    return "happy"
```

以上模拟函数的设计保持了与真实分析函数相同的接口格式，接收音频文件路径参数并返回情感标签。这种设计确保了系统在开发和测试阶段的完整性。

固定返回值的选择有助于测试系统的其他功能模块。通过返回已知的情感标签，可以验证融合逻辑和反馈生成的正确性。

（12）系统演示与测试框架

系统演示功能提供了完整的使用示例，展示了如何正确初始化和使用多模态情感反馈系统。具体代码如下。

```
def demo_system( ):
    # 明确将分析函数传入
    system = EmotionFeedbackSystem(
        text_model=analyze_sentiment,  # 确保此函数已定义
        audio_model=mock_audio_emotion_analyzer  # 使用模拟的音频分析函数
    )

    response = system.process_interaction("今天真是个美好的一天！")
    print(response)
```

可以看出系统初始化采用了依赖注入的方式，显示传入文本和音频分析的函数。这种初始化方式展示了系统的正确使用方法。测试用例的选择采用了明显带有积极情感的文本，便于验证系统的情感识别和反馈生成能力。这种测试策略有助于快速验证系统的基本功能。

（13）程序入口与执行控制

程序的执行控制方式采用Python的标准模式，支持模块导入和独立运行两种使用方式。具体代码如下。

```
if __name__ == "__main__":
    demo_system( )
```

可以看出，主程序入口设计使得脚本既可以作为模块被其他程序导入，也可以独立运行进行测试。这种设计提高了代码的复用性和测试的便利性。

（14）PyAudio库的安装与配置

系统的音频处理功能依赖于PyAudio库，该库的安装需要特殊的配置。具体代码如下。

```
pip install pyaudio
```

PyAudio库在不同操作系统上的安装可能会遇到不同的问题。Windows系统通常需要额外的编译工具；Linux系统需要安装开发库；macOS系统需要处理权限问题。音频设备权限是应用程序正常运行的重要因素。现代操作系统通常需要用户明确授权应用程序访问麦克风设备，这在部署时需要特别注意。

情感历史记录功能可以跟踪用户的长期情感变化趋势，为个性化服务提供数据基础（见图3-31）。用户画像构建可以基于多次交互的情感数据来理解用户的性格特征。机器学习模型的集成可以替换当前的规则引擎，通过训练数据学习更复杂的情感融合策略。深度学习方法可以实现端到端的多模态情感分析。通过这样完整的编程实现和技术分析，多模态情感反馈系统能够为用户提供智能化的情感理解和交互服务，在智能助手、心理健康、客户服务等领域发挥重要作用。

```
开始录音...
录音结束
您的语言和语调似乎表达了不同的情感。需要多聊聊吗？


进程已结束，退出代码为 0
```

图3-31 效果图

情感分析技术的实际应用需要在数据获取、模型优化和系统部署等方面综合考虑，实际应用建议如下。

① 数据集收集：情感分析模型需要大量标注数据进行训练，中文任务中可以使用NLPCC、Weibo等情感数据集。

② 模型优化：文本分析可以使用预训练模型如BERT、RoBERTa等提高准确率；语音情感可以使用深度学习模型如CNN、LSTM等提高特征提取能力。

③ 多模态融合：结合文本、语音甚至面部表情的多模态分析可以提高情感识别的准确率。

④ 场景适配：根据具体应用场景（如客服系统、心理健康监测等）定制模型和反馈机制。

（15）数据集构建是系统成功的基础

中文情感分析可以利用NLPCC评测数据集和微博情感标注数据集等现有资源，同时根据应用领域收集专门的情感数据。数据预处理阶段需要重视文本清洗、标注质量控制和数据平衡性，避免因数据偏差影响模型性能。

（16）模型架构选择直接影响系统核心性能

在文本情感分析领域，BERT、RoBERTa等预训练语言模型通过大规模语料库预训练获得强大的语言理解能力，在情感分类任务中表现优异。在语音情感识别方面，卷积神经网络能够捕捉语音信号的局部特征，长短期记忆网络擅长建模时序依赖关系，两者结合能够构建更强大的识别模型。

多模态信息融合代表技术的发展方向。文本、语音、面部表情等不同模态信息的有机结合能够构建更全面、准确的情感识别系统。融合方法可采用特征级融合、决策级融合或端到端深度学习架构。

（17）场景适配，确保系统的实用性

客服系统注重实时性和准确性，心理健康监测需要细粒度的情感分析，教育应用关注学习者的参与度。针对不同的需求，需要在模型结构、训练策略、评估指标等方面进行相应的调整。

系统部署需要考虑计算资源限制和响应时间要求，需要通过模型压缩、量化等技术来平衡性能和效率。数据隐私保护和持续的模型更新机制同样重要，这能确保系统适应语言使用习惯的变化和新的表达方式。

3.2 实时语音助手的开发与优化实践

语音助手的核心是低延迟与高准确率。语音接口设计支持多轮对话管理，用状态机跟踪上下文；唤醒词检测兼顾低误唤醒与快响应，可用Porcupine库。在优化方面，模型压缩技术（如知识蒸馏）可将大模型部署到边缘设备，数据增强（如加背景噪声或变速）能提升模型的泛化能力。

实时语音助手系统处理从语音输入到智能回复的完整交互流程，涵盖语音识别、自然语言处理、对话管理和语音合成等环节。核心挑战是实现低延迟实时响应，保障识别准确率与对话质量。技术架构采用模块化设计，将语音处理、对话理解、响应生成和音频输出等功能拆分为独立的组件，便于优化和升级，支持分布式部署与水平扩展。系统着重优化响应时间，通过流式处理、预加载机制和缓存策略减少延迟。因其实时性要求，需要在用户停止说话后几百毫秒内开始响应，因此对技术性能要求高。该系统采用模块化架构，将语音识别、意图理解、响应生成和语音合成等核心功能组织成协同组件。该设计理念强调平衡响应速度和识别的准确性，通过异步处理、智能增强和错误恢复机制提供稳定可靠的语音交互体验。在 PyCharm 界面右方的程序编码区中编写代码，编写完成后单击“运行”按钮，下方就会出现最终结果，同时需要安装代码中需要引用的代码库（见图 3-32）。

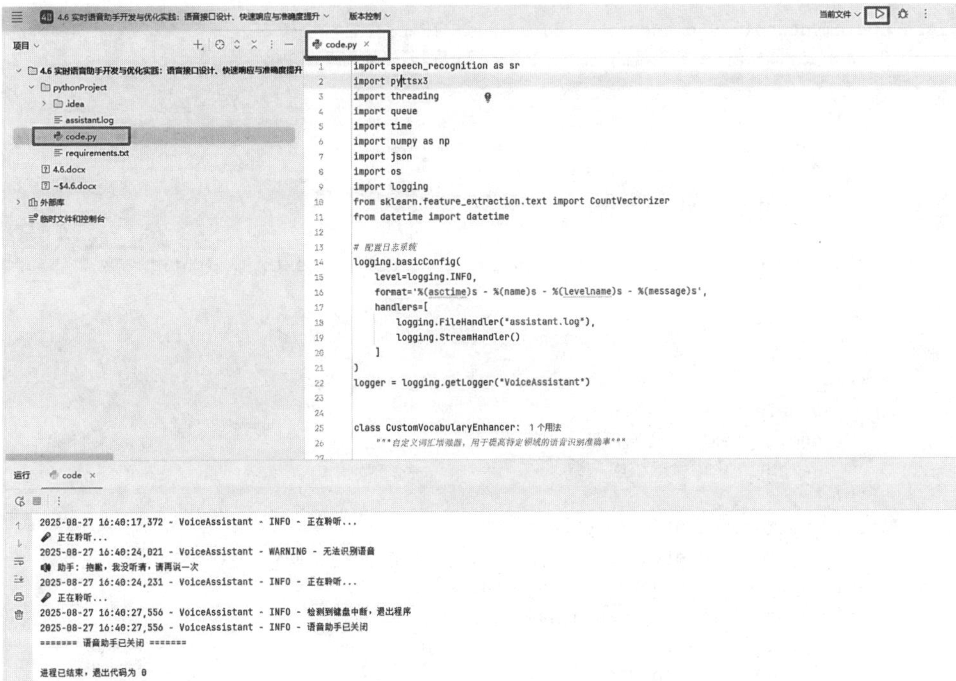

图 3-32　代码和运行结果

具体代码如下。

```
import speech_recognition as sr
```

```
import pyttsx3
import threading
import queue
import time
import numpy as np
import json
import os
import logging
from sklearn.feature_extraction.text import CountVectorizer
from datetime import datetime

# 配置日志系统
logging.basicConfig(
    level=logging.INFO,
    format='%(asctime)s - %(name)s - %(levelname)s - %(message)s',
    handlers=[
        logging.FileHandler("assistant.log"),
        logging.StreamHandler( )
    ]
)
logger = logging.getLogger("VoiceAssistant")


class CustomVocabularyEnhancer:
    """自定义词汇增强器，用于提高特定领域的语音识别准确率"""

    def __init__(self):
        self.vocabulary = set( )
        self.vectorizer = CountVectorizer( )
        self.domain_weights = {}

    def add_domain_vocabulary(self, domain_name, domain_texts, weight=1.0):
        """
        添加领域专用词汇

        Args:
            domain_name: 领域名称
            domain_texts: 该领域的示例文本列表
            weight: 该领域的权重系数
        """
        self.vectorizer.fit(domain_texts)
        domain_vocab = set(self.vectorizer.get_feature_names_out( ))
        self.vocabulary.update(domain_vocab)
        self.domain_weights[domain_name] = {
            "weight": weight,
            "vocab": domain_vocab
        }
        logger.info(f"已添加领域 '{domain_name}' 词汇 {len(domain_vocab)} 个")

    def load_vocabulary_file(self, file_path):
```

```
        """从文件加载词汇"""
        try:
            with open(file_path, 'r', encoding='utf-8') as f:
                vocab_data = json.load(f)

            for domain, data in vocab_data.items( ):
                self.add_domain_vocabulary(
                    domain,
                    data.get("examples", []),
                    data.get("weight", 1.0)
                )
            logger.info(f"已从文件 {file_path} 加载词汇库")
        except Exception as e:
            logger.error(f"加载词汇文件出错: {e}")

    def enhance_recognition(self, default_text, alternatives=None):
        """
        增强识别结果

        Args:
            default_text: 默认识别文本
            alternatives: 可选的候选识别结果

        Returns:
            最可能正确地识别文本
        """
        if not alternatives or len(alternatives) <= 1:
            return default_text

        # 计算每个候选结果的得分
        scores = []
        for alt in alternatives:
            alt_words = set(alt.lower( ).split( ))
            score = 0

            # 计算领域词汇匹配得分
            for domain, data in self.domain_weights.items( ):
                domain_match = len(alt_words.intersection(data["vocab"]))
                score += domain_match * data["weight"]

            scores.append(score)

        # 如果得分都为0，返回默认结果
        if sum(scores) == 0:
            return default_text

        # 选择得分最高的结果
        best_index = np.argmax(scores)
        return alternatives[best_index]
```

```
class VoiceAssistant:
    """实时语音助手主类"""

    def __init__(self):
        self.recognizer = sr.Recognizer( )
        self.engine = pyttsx3.init( )
        self.response_queue = queue.Queue( )
        self.enhancer = CustomVocabularyEnhancer( )
        self.running = False

        # 配置语音引擎
        voices = self.engine.getProperty('voices')
        # 尝试设置中文语音，如果有的话
        for voice in voices:
            if 'chinese' in voice.name.lower( ):
                self.engine.setProperty('voice', voice.id)
                break

        # 语音速度和音量设置
        self.engine.setProperty('rate', 180)  # 语速
        self.engine.setProperty('volume', 0.9)  # 音量

        # 加载领域词汇 （实际使用时可以从文件加载）
        self._load_vocabulary( )

    def _load_vocabulary(self):
        """加载领域词汇"""
        # 如果有词汇文件则加载
        if os.path.exists("vocabulary.json"):
            self.enhancer.load_vocabulary_file("vocabulary.json")
        else:
            # 否则使用内置的词汇示例
            self.enhancer.add_domain_vocabulary("天气", [
                "今天天气怎么样", "查询天气预报", "明天会下雨吗",
                "气温多少摄氏度", "天气预报", "空气质量", "湿度"
            ], 1.2)

            self.enhancer.add_domain_vocabulary("时间", [
                "现在几点", "今天是几号", "日期", "星期几",
                "设置闹钟", "提醒我", "倒计时"
            ])

            self.enhancer.add_domain_vocabulary("音乐", [
                "播放音乐", "下一首", "上一首", "暂停",
                "继续播放", "调高音量", "调低音量"
            ])

            self.enhancer.add_domain_vocabulary("新闻", [
                "今日新闻", "头条新闻", "财经新闻", "科技新闻",
```

```
            "体育新闻", "国际新闻", "国内新闻"
        ])

    def listen(self):
        """捕捉用户语音输入"""
        with sr.Microphone( ) as source:
            logger.info("正在聆听...")
            print("正在聆听...")
            # 调整麦克风的环境噪声水平
            self.recognizer.adjust_for_ambient_noise(source, duration=0.5)
            audio = self.recognizer.listen(source, timeout=5, phrase_time_limit=5)
            return audio

    def recognize_speech(self, audio):
        """语音识别处理"""
        try:
            # 首先尝试获取多个候选结果
            results = self.recognizer.recognize_google(
                audio,
                language="zh-CN",
                show_all=True
            )

            if not results or 'alternative' not in results:
                logger.warning("未能识别语音")
                return None

            # 提取候选文本
            alternatives = [alt['transcript'] for alt in results['alternative']]
            default_text = alternatives[0]

            # 使用词汇增强器选择最佳结果
                enhanced_text = self.enhancer.enhance_recognition(default_text,
alternatives)

            logger.info(f"识别结果: {enhanced_text}")
            print(f" 识别结果: {enhanced_text}")

            # 如果增强结果与默认结果不同，记录差异
            if enhanced_text != default_text:
                logger.info(f"增强前: {default_text}, 增强后: {enhanced_text}")

            return enhanced_text

        except sr.UnknownValueError:
            logger.warning("无法识别语音")
            return None
        except sr.RequestError as e:
            logger.error(f"无法连接到语音识别服务: {e}")
            return None
```

```
        except Exception as e:
            logger.error(f"识别过程中发生错误: {e}")
            return None

    def speak(self, text):
        """语音输出"""
        print(f"助手: {text}")
        self.engine.say(text)
        self.engine.runAndWait( )

    def process_user_intent(self, text):
        """
        处理用户意图

        在实际应用中，这里可以接入更复杂的NLP引擎或对话管理系统
        """
        text = text.lower( )

        # 天气查询
        if any(keyword in text for keyword in ["天气", "气温", "下雨", "晴"]):
            return "今天天气晴朗，气温20到25摄氏度，空气质量良好。"

        # 时间查询
        elif any(keyword in text for keyword in ["时间", "几点", "现在"]):
            current_time = datetime.now( ).strftime("%H点%M分")
            return f"现在是{current_time}"

        # 日期查询
        elif any(keyword in text for keyword in ["日期", "几号", "今天"]):
            date = datetime.now( ).strftime("%Y年%m月%d日")
                weekday = ["一", "二", "三", "四", "五", "六", "日"][datetime.now(
).weekday( )]
            return f"今天是{date}，星期{weekday}"

        # 音乐控制
        elif any(keyword in text for keyword in ["音乐", "歌", "播放"]):
            if "播放" in text:
                return "好的，开始播放音乐"
            elif "暂停" in text:
                return "已暂停播放"
            elif "下一首" in text:
                return "已切换到下一首"
            else:
                return "音乐功能已激活，你想听什么歌曲？"

        # 新闻资讯
        elif any(keyword in text for keyword in ["新闻", "头条", "资讯"]):
            return "今日热点新闻：科技创新大会在北京召开，多项前沿技术成果发布"

        # 闲聊功能
```

```
        elif any(keyword in text for keyword in ["你好", "嗨", "在吗"]):
            return "你好，我是你的语音助手，有什么可以帮助你的吗？"

        # 通用查询
        elif "什么是" in text or "告诉我关于" in text:
            query = text.replace("什么是", "").replace("告诉我关于", "").strip( )
            return f"关于{query}的信息，我正在查询中..."

        # 助手能力
        elif any(keyword in text for keyword in ["你能做什么", "你会什么", "功能"]):
            return "我可以回答问题、查询天气、播放音乐、提供新闻资讯等，请问有什么可以帮到
你的吗？"

        # 未识别意图
        else:
            return "抱歉，我不太理解你的意思，能否换个方式表达？"

    def background_processing(self, text):
        """后台处理用户请求"""
        # 增加短暂延迟模拟处理时间
        time.sleep(0.5)

        # 处理用户意图，获取响应
        response = self.process_user_intent(text)

        # 将响应放入队列
        self.response_queue.put(response)

    def run(self):
        """运行语音助手主循环"""
        self.running = True
        self.speak("语音助手已启动，请说话")

        consecutive_errors = 0
        max_consecutive_errors = 3

        while self.running:
            try:
                # 捕捉语音
                audio = self.listen( )

                # 识别语音
                text = self.recognize_speech(audio)

                # 处理识别失败的情况
                if not text:
                    consecutive_errors += 1
                    if consecutive_errors >= max_consecutive_errors:
                        self.speak("多次未能识别你的语音，请确认麦克风工作正常")
                        consecutive_errors = 0
```

```
                else:
                    self.speak("抱歉，我没听清，请再说一次")
                continue

            # 重置错误计数
            consecutive_errors = 0

            # 检查退出命令
             if any(keyword in text.lower( ) for keyword in ["退出", "关闭", "停
止", "再见"]):
                self.speak("语音助手即将关闭，再见")
                self.running = False
                break

            # 启动后台处理线程
                thread = threading.Thread(target=self.background_processing,
args=(text,))
            thread.daemon = True
            thread.start( )

            # 给用户即时反馈
            self.speak("正在处理你的请求...")

            # 等待并获取响应，设置超时避免永久阻塞
            try:
                response = self.response_queue.get(timeout=5)
                self.speak(response)
            except queue.Empty:
                self.speak("抱歉，处理你的请求超时，请重试")

        except sr.WaitTimeoutError:
            logger.info("等待超时，继续监听")
            continue
        except Keyboardinterrupt:
            logger.info("检测到键盘中断，退出程序")
            self.running = False
            break
        except Exception as e:
            logger.error(f"运行错误: {e}")
            self.speak("系统遇到问题，将继续监听")

    logger.info("语音助手已关闭")

def stop(self):
    """停止语音助手"""
    self.running = False

# 创建并运行助手实例
```

```
if __name__ == "__main__":
    try:
        print("======= 语音助手启动中 =======")
        print("提示：使用 Ctrl+C组合键可以随时退出程序")
        assistant = VoiceAssistant( )
        assistant.run( )
    except Keyboardinterrupt:
        print("\n程序已通过键盘中断退出")
    except Exception as e:
        print(f"程序发生错误：{e}")
    finally:
        print("======= 语音助手已关闭 =======")
```

技术栈的选择考虑了跨平台兼容性、开发效率和功能完整性等因素。语音识别采用Google Speech Recognition API，语音合成使用pyttsx3引擎，机器学习组件基于Scikit-learn库实现。这种组合既保证了核心功能的稳定性，又为系统扩展提供了良好的基础。

3.2.1　系统基础设施与依赖环境的构建

编程实现的初始阶段需要建立完整的开发环境和导入必要的依赖库，为后续功能的实现提供技术基础。具体代码如下。

```
import speech_recognition as sr
import pyttsx3
import threading
import queue
import time
import numpy as np
import json
import os
import logging
from sklearn.feature_extraction.text import CountVectorizer
from datetime import datetime
```

依赖库的导入遵循功能分类的原则。与语音处理相关的库包括 speech_recognition 和 pyttsx3，分别负责语音识别和语音合成功能。对于并发处理，使用 threading 和 queue 模块来实现异步任务处理和线程间的通信。数据处理和机器学习功能通过 NumPy 和 Scikit-learn 库提供支持。

系统工具库的选择考虑了实际应用的需求。如json模块支持配置文件的读写，os模块提供文件系统操作能力，logging模块建立了完整的日志记录体系，datetime模块为时间相关的功能提供支持。

3.2.2 日志系统配置与监控机制的建立

日志系统的配置是企业级应用开发的重要环节，为系统监控、问题诊断和性能分析提供数据基础。具体代码如下。

```
logging.basicConfig(
    level=logging.INFO,
    format='%(asctime)s - %(name)s - %(levelname)s - %(message)s',
    handlers=[
        logging.FileHandler("assistant.log"),
        logging.StreamHandler( )
    ]
)
logger = logging.getLogger("VoiceAssistant")
```

将日志级别设置为INFO，能够记录系统的关键运行信息，而不会产生过多的调试信息。日志格式包含时间戳、日志记录器名称、级别和消息内容，提供了完整的事件上下文信息。

双重输出机制通过FileHandler和StreamHandler实现，确保日志信息既能保存到文件中用于长期分析，又能在控制台实时展示用于开发调试。这种配置能够适应不同阶段的使用需求。

3.2.3 智能词汇增强器类的设计与实现

智能词汇增强器承担了提升语音识别准确率的核心任务，通过领域知识管理和候选结果评估来优化识别效果。具体代码如下。

```
class CustomVocabularyEnhancer:
    """自定义词汇增强器，用于提高特定领域的语音识别准确率"""

    def __init__(self):
        self.vocabulary = set( )
        self.vectorizer = CountVectorizer( )
        self.domain_weights = {}
```

可以看出类的构造函数建立了3个核心数据结构。vocabulary集合存储所有的领域词汇，提供快速的成员检测能力；vectorizer对象负责文本的向量化处理，为机器学习算法提供标准化输入；domain_weights字典管理不同领域的权重配置，支持细粒度的优化控制。

这种采用面向对象的设计使得词汇增强功能具有良好的封装性和可扩展性。为类的方法提供了清晰的功能接口，内部实现细节对外部调用者透明，便于维护和升级。

领域词汇管理功能通过专门的方法实现。具体代码如下。

```
def add_domain_vocabulary(self, domain_name, domain_texts, weight=1.0):
    """
    添加领域专用词汇

    Args:
        domain_name: 领域名称
        domain_texts: 该领域的示例文本列表
        weight: 该领域的权重系数
    """
    self.vectorizer.fit(domain_texts)
    domain_vocab = set(self.vectorizer.get_feature_names_out( ))
    self.vocabulary.update(domain_vocab)
    self.domain_weights[domain_name] = {
        "weight": weight,
        "vocab": domain_vocab
    }
    logger.info(f"已添加领域 '{domain_name}' 词汇 {len(domain_vocab)} 个")
```

以上方法设计采用了参数化配置的方式，允许用户指定领域名称、示例文本和权重系数。这种灵活的接口设计使得系统能够适应不同的应用场景和优化需求。

文本向量化处理通过fit方法实现，该方法分析输入文本并提取所有的词汇特征。权重管理通过嵌套字典结构实现，为每个领域维护独立的词汇集合和权重参数。

3.2.4 语音助手主类的架构设计

语音助手作为系统的控制中心，整合了所有的功能模块并提供统一的交互接口。具体代码如下。

```
class VoiceAssistant:
    """实时语音助手主类"""

    def __init__(self):
        self.recognizer = sr.Recognizer( )
        self.engine = pyttsx3.init( )
        self.response_queue = queue.Queue( )
        self.enhancer = CustomVocabularyEnhancer( )
        self.running = False
```

上述代码中，核心组件的初始化建立了完整的语音处理流水线。recognizer对象负责语音识别，engine对象处理语音合成，response_queue提供线程间的通信，enhancer实现智能优化功能。

状态管理通过running标志实现，这种简单的布尔变量为系统的启动和停止提供了可靠的控制机制。组件的统一管理使得系统的生命周期控制变得简单明了。

语音引擎的配置优化体现了用户体验的重要性。具体代码如下。

```
# 配置语音引擎
voices = self.engine.getProperty('voices')
# 尝试设置中文语音，如果有的话
for voice in voices:
    if 'chinese' in voice.name.lower( ):
        self.engine.setProperty('voice', voice.id)
        break

# 语音速度和音量设置
self.engine.setProperty('rate', 180)  # 语速
self.engine.setProperty('volume', 0.9)  # 音量
```

通过便利可用的语音引擎来寻找中文语音引擎，这种自动配置减少了用户手动设置的工作量，这体现了语音选择的逻辑。

而在语速和音量设置方面，基于用户体验的最佳实践，在清晰度和自然度之间取得了平衡。

（1）语音输入捕捉与预处理机制

语音输入处理是整个交互流程的起点，需要处理音频设备管理、环境适应和异常处理等复杂的问题。具体代码如下。

```
def listen(self):
    """捕捉用户语音输入"""
    with sr.Microphone( ) as source:
        logger.info("正在聆听...")
        print("正在聆听...")
        # 调整麦克风的环境噪声水平
        self.recognizer.adjust_for_ambient_noise(source, duration=0.5)
        audio = self.recognizer.listen(source, timeout=5, phrase_time_limit=5)
        return audio
```

上述代码中资源管理采用上下文管理器模式，确保正确获取和释放麦克风资源。环境噪声适应通过adjust_for_ambient_noise方法实现，该方法分析背景噪声并调整识别敏感度。超时控制机制通过timeout和phrase_time_limit参数实现，避免了系统在安静环境中的无限等待。这种设计平衡了响应性和可用性的要求。

（2）智能语音识别与增强处理

语音识别功能集成了标准识别引擎和智能增强算法，实现了识别准确率的显著提升。具体代码如下。

```
def recognize_speech(self, audio):
    """语音识别处理"""
```

```
    try:
        # 首先尝试获取多个候选结果
        results = self.recognizer.recognize_google(
            audio,
            language="zh-CN",
            show_all=True
        )

        if not results or 'alternative' not in results:
            logger.warning("未能识别语音")
            return None

        # 提取候选文本
        alternatives = [alt['transcript'] for alt in results['alternative']]
        default_text = alternatives[0]

        # 使用词汇增强器选择最佳结果
            enhanced_text = self.enhancer.enhance_recognition(default_text,
alternatives)

        logger.info(f"识别结果: {enhanced_text}")
        print(f" 识别结果: {enhanced_text}")

        # 如果增强结果与默认结果不同，记录差异
        if enhanced_text != default_text:
            logger.info(f"增强前: {default_text}, 增强后: {enhanced_text}")

        return enhanced_text
```

可以看出多候选结果的获取通过show_all=True参数实现，这种配置为后续的智能选择提供了丰富的选择空间。候选结果提取使用列表推导式来简化数据处理流程。增强处理的集成通过调用enhancer对象来实现，将标准识别结果和候选列表传递给智能算法进行优化。差异记录功能为系统调优提供了重要的反馈信息。

（3）用户意图理解与响应生成

意图理解模块负责分析用户的输入并生成相应的响应内容，是语音助手智能化的核心体现。具体代码如下。

```
def process_user_intent(self, text):
    """
    处理用户意图

    在实际应用中，这里可以接入更复杂的NLP引擎或对话管理系统
    """
    text = text.lower( )

    # 天气查询
    if any(keyword in text for keyword in ["天气", "气温", "下雨", "晴"]):
        return "今天天气晴朗，气温20到25摄氏度，空气质量良好。"
```

```
    # 时间查询
    elif any(keyword in text for keyword in ["时间", "几点", "现在"]):
        current_time = datetime.now( ).strftime("%H点%M分")
        return f"现在是{current_time}"
```

上述代码中，可以看出意图识别采用基于关键词匹配的方法，通过any函数和列表推导式来检测特定的触发词。这种方法相对简单，在响应速度和资源消耗方面具有显著优势。

动态信息生成通过调用相关API或函数实现，如通过使用datetime模块进行时间查询，获取实时信息。响应模板的设计考虑了自然语言的表达习惯，以提供友好的用户体验。

（4）后台处理线程的设计与实现

异步处理机制通过独立线程执行复杂的计算任务，避免阻塞主线程。具体代码如下。

```
def background_processing(self, text):
    """后台处理用户请求"""
    # 增加短暂延迟模拟处理时间
    time.sleep(0.5)

    # 处理用户意图，获取响应
    response = self.process_user_intent(text)

    # 将响应放入队列
    self.response_queue.put(response)
```

上述代码中，处理延迟的模拟反映了实际应用中的网络请求和计算时间。队列操作的使用确保了处理结果能够安全地在线程间传递，避免了并发访问的数据竞争问题。

（5）主循环控制与错误恢复

主循环是系统的控制中心，负责协调各个功能模块的工作。具体代码如下。

```
def run(self):
    """运行语音助手主循环"""
    self.running = True
    self.speak("语音助手已启动，请说话")

    consecutive_errors = 0
    max_consecutive_errors = 3

    while self.running:
        try:
            # 捕捉语音
```

```
            audio = self.listen( )

            # 识别语音
            text = self.recognize_speech(audio)

            # 处理识别失败的情况
            if not text:
                consecutive_errors += 1
                if consecutive_errors >= max_consecutive_errors:
                    self.speak("多次未能识别你的语音，请确认麦克风工作正常")
                    consecutive_errors = 0
                else:
                    self.speak("抱歉，我没听清，请再说一次")
                continue

            # 重置错误计数
            consecutive_errors = 0

            # 启动后台处理线程
                thread = threading.Thread(target=self.background_processing,
args=(text,))
            thread.daemon = True
            thread.start( )

            # 给用户即时反馈
            self.speak("正在处理你的请求...")

            # 等待并获取响应，设置超时避免永久阻塞
            try:
                response = self.response_queue.get(timeout=5)
                self.speak(response)
            except queue.Empty:
                self.speak("抱歉，处理你的请求超时，请重试")
```

在上述代码中，错误计数机制通过consecutive_errors变量实现，当连续错误达到阈值时提供特殊的错误提示。这种设计帮助用户识别系统性问题而不是偶发错误。异步线程的创建为每个用户请求分配独立的处理资源，daemon=True的设置确保程序退出时线程能够正确终止。超时控制则避免了系统在异常情况下的无限等待。

整个系统工程思路体现了现代软件开发的重要原则。系统采用模块化设计，功能组件独立，便于开发、测试与维护；通过异步处理提升响应性能，通过智能增强改善体验。错误处理与恢复机制贯穿设计，从方法异常捕捉到系统容错，均保障了系统稳定。日志记录和状态监控为运维优化提供支持。代码注释清晰完整，方法文档字符串格式标准，便于维护和扩展。面向对象的结构使系统扩展性良好，添加或修改功能不影响其他组件，为系统长期演进打下基础。借助这些技术，智能交互系统可用于智能家居、医疗陪护、工业控制等领域，推动人机协作更高效、自然。

第4章

实战项目篇

随着物联网和人工智能技术的发展，智能家居系统逐渐进入千家万户。接下来通过两个实战项目，展示其应用场景与实现方案。该项目融合了传感器、人工智能算法和自动化控制等多领域技术。

智能家居管家项目构建家庭环境监测与控制系统，用温湿度传感器和空气质量检测器监测室内环境，结合 DeepSeek 智能模型控制家电。智能农业助手项目融合环境感知、自动控制和深度学习技术，构建农作物生长监控系统，自动调节灌溉参数，用图像识别发现病虫害。这两个项目涉及智能家居、智慧农业等领域，体现了人工智能的广泛应用前景。每个项目提供详细方案，含硬件选型、软件架构、核心算法和代码，供读者参考扩展。

通过这两个项目，我们能掌握智能化系统的开发流程，了解人工智能解决实际问题的方式。如智能家居管家项目可分析用户作息，调节环境；智能农业项目可分析历史数据，优化灌溉系统。项目展示了技术的应用价值，体现了智能化系统改善生活、提升效率的作用。我们可通过案例把握人工智能的发展方向与应用潜力。

4.1 智能家居管家

智能家居管家系统是一个集成了多种传感器数据采集、人工智能决策和设备控制的综合性物联网项目。该系统通过ESP32微控制器采集光照传感器数据，利用树莓派作为中央处理单元，结合DeepSeek大模型的智能分析能力，实现对家居环境的自动监测和智能控制。

DeepSeek开发的大型语言模型应用程序编程接口（Application Programming Interface，API）正处于内测阶段，用户可通过多种渠道申请使用权限。申请者需前往DeepSeek.ai官网填写等候名单申请表，说明API应用场景及使用计划。同时，关注DeepSeek官方Twitter获取API发布动态，加入Discord社区了解最新测试机会。有意向的开发者可通过邮件联系DeepSeek团队咨询API访问事宜。因API未全面开放，建议开发者了解其他开源语言模型以满足开发需求。

API密钥（DeepSeek_API_KEY）以字符串的形式存储，是访问认证的核心。应用时，将your_api_key_here替换为真实的密钥。它在系统安全中起核心作用，可验证访问请求的合法性，阻止未授权的访问，实现访问控制，追踪调用情况，限制访问频率，防止资源滥用等。在传输数据时，密钥可确保信息的安全与完整。合理的密钥管理策略（安全存储、定期更新、及时撤销等）可提升系统的安全性。接下来，我们来具体实操一下。

步骤1：申请DeepSeek API密钥。

申请DeepSeek API密钥需遵循一套完整的流程，从注册到使用都有其特定的步骤。首先需要访问DeepSeek开发者平台（见图4-1），通常在官方网站可找到开发者或API入口。若未能直接找到相关入口，可在登录账户后查看账户设置或高级功能部分。

图 4-1 DeepSeek 开发者平台

开发者账号注册环节需要提供邮箱、手机号码及企业信息等资料（见图4-2）。平台会对申请者进行随机的资质审核，特别是企业认证，要求更为严格，只有通过审核才能获得API访问权限。

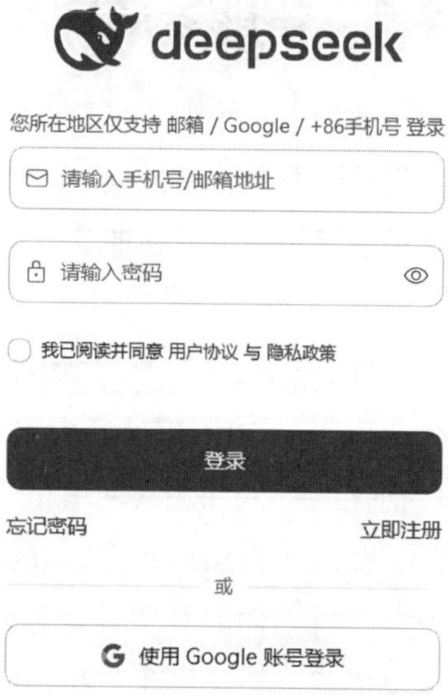

图 4-2　注册 DeepSeek 账号

步骤2：创建应用。

成功注册后，即可在控制台创建应用或项目。在创建过程中，需要填写应用名称、具体描述和预期使用场景等信息。完成创建后，在应用详情页面可找到凭证管理或API密钥选项，通过单击“创建API key”生成密钥按钮获取唯一的API key（见图4-3）。由于部分平台只展示一次密钥信息，请务必及时保存。

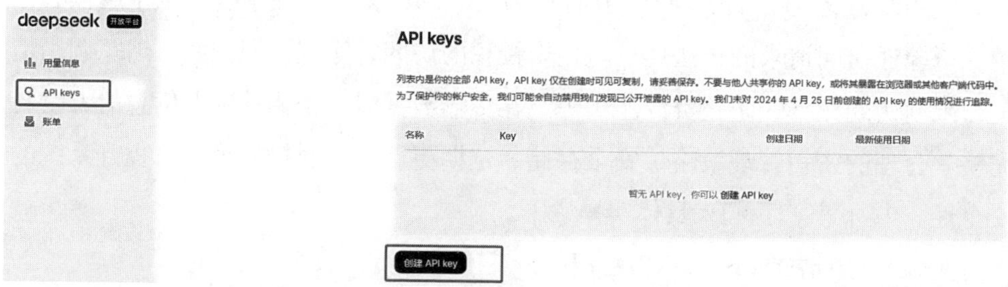

图 4-3　单击“API 开放平台”按钮后的页面

权限配置与安全设置同样重要。可将创建的API key（见图4-4）绑定到特定服务，如搜索功能或NLP模型等。同时，建议设置合理的调用频率限制，配置IP白名单或HTTPS域名限制，以确保API使用安全，通过单击复制，将API key复制到相对应代码的位置（见图4-5）。配置完成后，可参考官方文档了解请求格式，并使用Postman或curl等工具进行API连通性测试。

在实际应用中需注意以下几点：首先应参考官方文档，因为不同产品线的API申请流程可能存在差异；其次是确保密钥安全，避免明文存储或上传至公开代码库，推荐使用环境变量或专业的密钥管理服务（见图4-6）。另外，要关注费用与配额管理，某些API服务可能采用按量计费模式，需要提前做好支付方式绑定和用量警报设置。

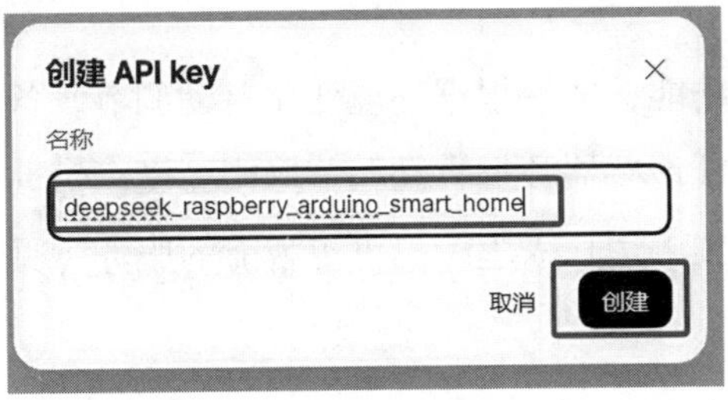

图 4-4 创建 API key

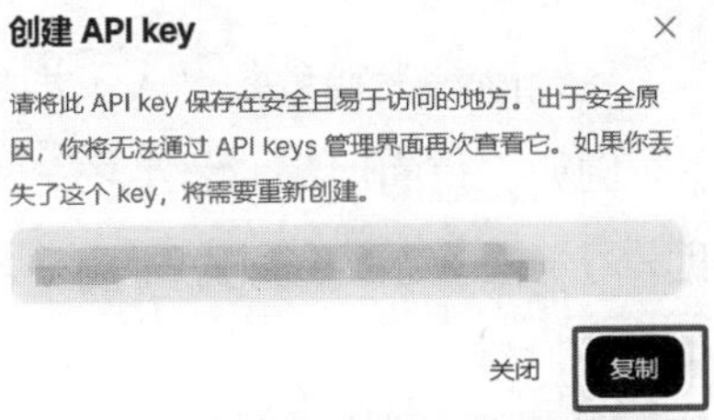

图 4-5 复制 API key

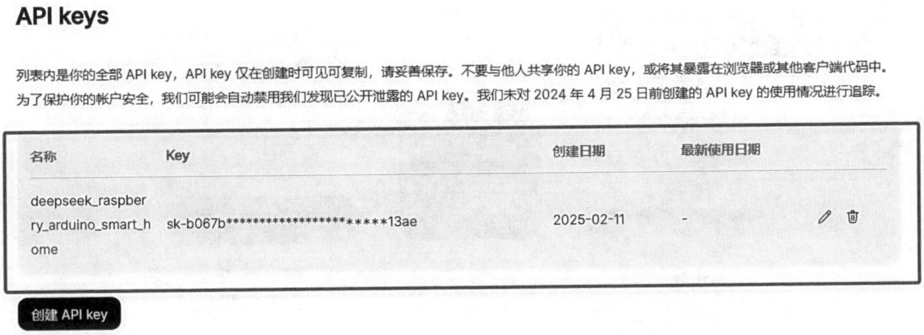

图 4-6 密钥管理服务

若无法找到API入口，可通过官方客服、邮箱或工单系统询问API的开放状态。若未开放公共API服务，可考虑申请企业级API接入等替代方案。因DeepSeek API服务信息未完全公开，建议直接联系官方团队获取最新指南。严格遵循申请流程，合理配置安全措施，细心管理API使用情况，可实现对DeepSeek API的高效应用。随时关注官方的最新信息和文档更新，有助于更好地利用API服务。

人工智能集成部分引入DeepSeek API配置，系统通过DeepSeek_API_KEY和DeepSeek_API_ENDPOint两个关键参数安全访问其智能服务。在实际应用中，需要将API密钥替换为从DeepSeek平台申请的有效密钥，以确保API调用安全。具体代码如下。

```
# deepseek AI API配置
# API密钥，需要从DeepSeek平台获取
deepseek_API_KEY = "your_api_key_here"
# deepseek API的基础URL
deepseek_API_ENDPOint = "https://api.deepseek.com/v1"
```

在人工智能服务集成方案中，API配置参数的设定关乎系统与AI服务平台的连接质量和安全性。此配置部分定义了访问DeepSeek AI服务的关键参数，如API

密钥和服务端点URL。

该系统的一大特色是融入了场景联动功能，能够根据环境变化自动调节设备状态。例如，夜间回家时，系统会根据光纤传感器数据自动调节照明亮度。借助深度学习算法，系统还能学习用户习惯，预测用户需求，提供更智能的服务（见图4-7）。

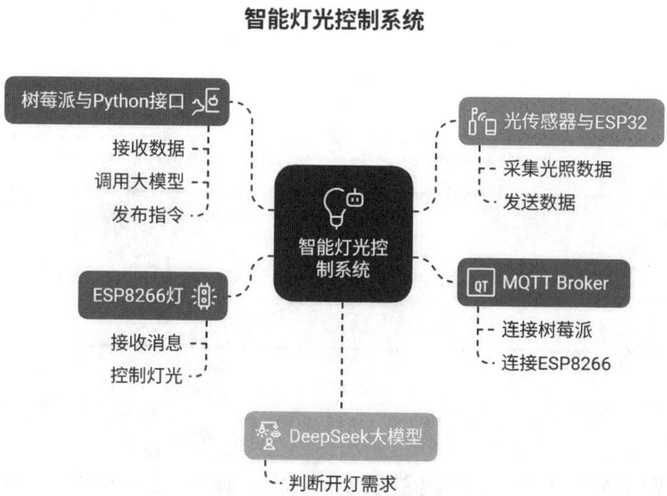

图 4-7　智能灯光控制系统示意图

整个智能家居管家系统采用分布式架构设计，主要由三个核心组件构成：ESP32传感器节点、树莓派中央控制器和ESP8266智能灯光控制器（见图4-8）。系统通过MQTT协议和HTTP API实现设备间的通信，确保数据传输的可靠性和实时性。

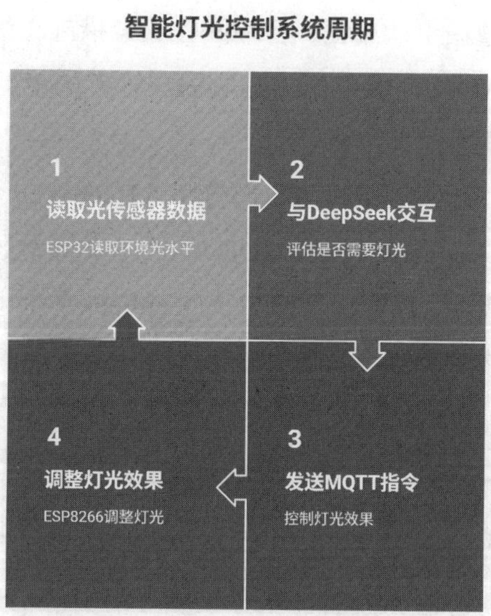

图 4-8　智能灯光控制系统周期图

如图4-9所示，ESP32作为传感器数据采集终端，负责读取光照传感器的数值，并通过Wi-Fi网络将数据传输到树莓派控制中心。树莓派运行主控程序，不仅接收来自ESP32的传感器数据，还会定期调用外部API获取温湿度信息。当满足特定条件时，系统会调用DeepSeek大模型API进行智能分析，根据环境数据做出是否需要开启灯光的决策。最后，通过MQTT消息或直接控制指令，实现对ESP8266控制的LED灯带的智能管理。

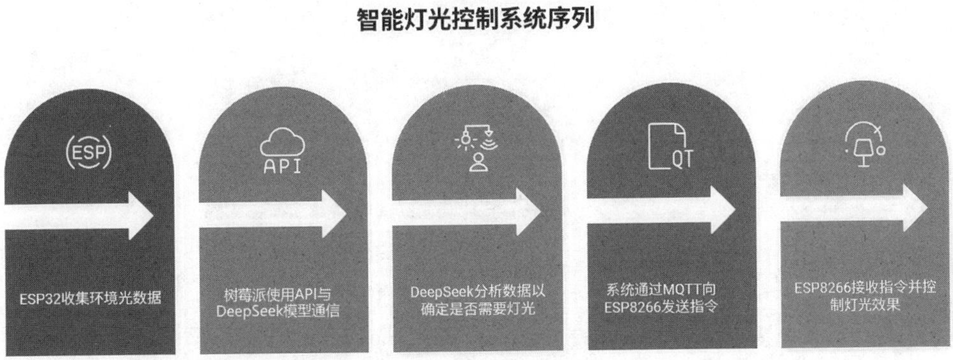

图4-9　智能灯光控制流程图

4.1.1　树莓派主控程序开发

首先在树莓派上部署主控程序（python_code.py），它是系统的核心控制单元。主控程序采用多线程架构，同时处理MQTT通信、HTTP API服务和智能控制逻辑。启动时创建三个线程：MQTT客户端线程接收传感器数据，Flask API服务线程处理HTTP请求，主控制逻辑线程定期检查环境数据并做出智能决策。

步骤1：部署主控程序。

ESP8266智能LED控制系统采用事件驱动的非阻塞编程架构，用状态机模式管理灯光效果。系统将功能模块化，模块间通过全局变量和函数调用进行协调。

编程架构采用分层设计，底层负责硬件抽象与基础通信，中层处理业务逻辑和状态管理，上层实现用户交互与效果展示，便于代码维护和扩展。系统设计兼顾实时性与稳定性，用定时器保证灯光效果流畅，用看门狗机制和异常处理确保系统长期稳定运行。

在编写主控程序时，要特别关注全局变量latest_light_value的线程安全问题，该变量存储最新的光传感器数值，会被多个线程同时访问和修改。程序通过MQTT回调函数和HTTP API端点更新此变量，以确保系统及时获取最新的传感器数据。我们需要在PyCharm中输入代码（见图4-10），并单击“运行”按钮。

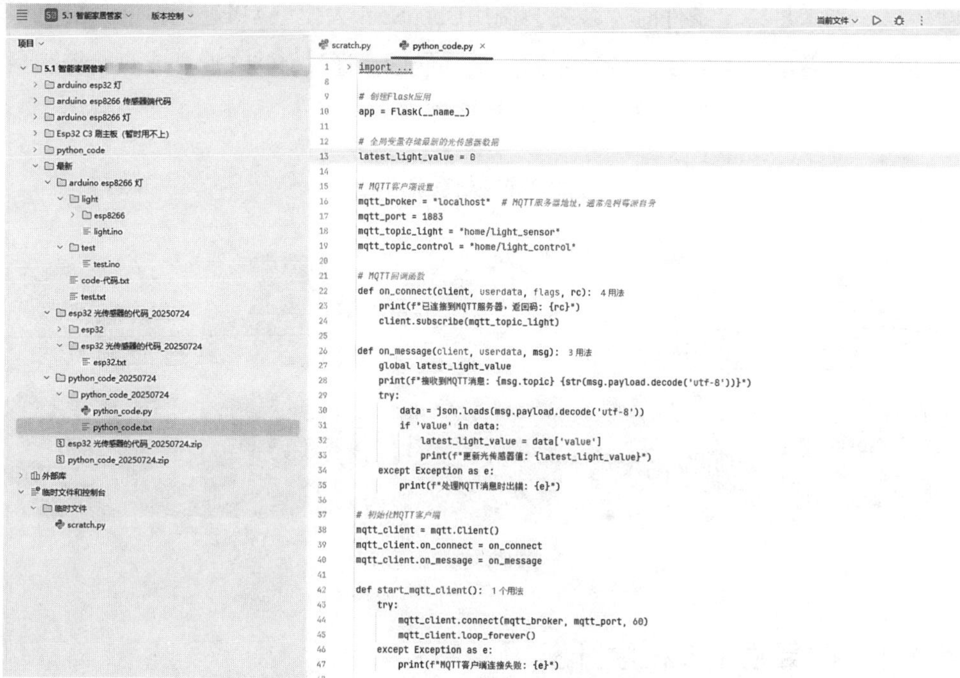

图 4-10　在 PyCharm 中输入代码并运行

具体代码如下。

```
#include <ESP8266Wi-Fi.h>
#include <PubSubClient.h>
#include <Adafruit_NeoPixel.h>
#include <Ticker.h>

// Wi-Fi 配置信息
const char *ssid = "***";// Wi-Fi网络名称
const char *password = "*****";// Wi-Fi密码

// MQTT 配置信息
const char *mqtt_server = "**.***.***.*"; // MQTT服务器地址
const char *mqtt_user = "testtopic01";
const char *mqtt_password = "";
const char *mqtt_client_id = "mqttx_7296037555";
const char *mqtt_topic = "testtopic01";

Wi-FiClient espClient;
PubSubClient client(espClient);
Ticker wdtTicker;  // 用于定期喂狗，但不使用yield

// 灯带设置
#define NUMPIXELS 26
#define PIN 4
```

```
Adafruit_NeoPixel strip = Adafruit_NeoPixel(NUMPIXELS, PIN, NEO_GRB + NEO_KHZ800);

uint8_t R = 252;
uint8_t G = 255;
uint8_t B = 0;
uint8_t brightness = 180;
static uint8_t lampStep = 0;
uint8_t fadeAmount = 2;
uint8_t modeSwitch = 0;
uint8_t breathBrightness = 0;

// 状态控制变量，用于非阻塞操作
unsigned long previousMillis = 0;
unsigned long previousEffectMillis = 0;
unsigned long mqttReconnectMillis = 0;
unsigned long statusReportMillis = 0;
unsigned long memoryCheckMillis = 0;
unsigned long wifiCheckMillis = 0;
uint16_t rotationPosition = 0;

// 操作间隔时间
const long effectinterval = 20;          // 灯光效果更新间隔（毫秒）
const long statusinterval = 60000;       // 状态报告间隔（毫秒）
const long memoryCheckinterval = 120000; // 内存检查间隔（毫秒）
const long reconnectinterval = 5000;     // MQTT重连尝试间隔
const long wifiCheckinterval = 30000;    // Wi-Fi检查间隔

// 看门狗处理——只喂狗，不使用yield
void feedWatchdog( ) {
  ESP.wdtFeed( );  // 只喂养软件看门狗，不调用yield( )
}

void printResetReason( ) {
  Serial.println("--------------------");
  Serial.print("复位原因: ");
  Serial.println(ESP.getResetReason( ));
  Serial.println("上次复位原因详情: " + ESP.getResetInfo( ));
  Serial.println("--------------------");
}

void printMemoryInfo( ) {
  Serial.println("--------------------");
  Serial.print("可用堆内存: ");
  Serial.print(ESP.getFreeHeap( ));
  Serial.println(" 字节");
  Serial.println("--------------------");
}

void setup_wifi( ) {
  int attemptCount = 0;
```

```
  const int maxAttempts = 10;  // 降低最大尝试次数

  delay(10);
  Serial.println( );
  Serial.print("连接Wi-Fi网络: ");
  Serial.println(ssid);

  // Wi-Fi连接配置
  Wi-Fi.mode(WIFI_STA);  // 明确设置为station模式
  Wi-Fi.setSleepMode(WIFI_NONE_SLEEP); // 禁用Wi-Fi睡眠模式，提高稳定性
  Wi-Fi.setAutoReconnect(true);  // 允许自动重连

  // 开始连接Wi-Fi
  Wi-Fi.begin(ssid, password);

  while (Wi-Fi.status( ) != WL_CONNECTED && attemptCount < maxAttempts) {
    feedWatchdog( );  // 确保看门狗不会重置设备
    delay(500);
    Serial.print(".");
    attemptCount++;
  }

  if (Wi-Fi.status( ) == WL_CONNECTED) {
    Serial.println("");
    Serial.println("Wi-Fi连接成功! ");
    Serial.print("IP地址: ");
    Serial.println(Wi-Fi.localIP( ));
  } else {
    Serial.println("");
    Serial.println("Wi-Fi连接失败!  将继续尝试...");
  }
}

void callback(char *topic, byte *message, unsigned int length) {
  // 在回调开始时喂狗
  feedWatchdog( );

  // 清晰地打印主题名称
  Serial.println("--------------------");
  Serial.print("收到MQTT消息 | 主题: ");
  Serial.println(topic);

  // 打印消息内容
  Serial.print("消息内容: ");
  String messageTemp;

  // 将byte数组转换为字符串
  for (int i = 0; i < length; i++) {
    Serial.print((char)message[i]);
    messageTemp += (char)message[i];
```

```
  }
  Serial.println( );

  // 再打印一次完整的消息（以字符串形式）
  Serial.print("消息字符串: [");
  Serial.print(messageTemp);
  Serial.println("]");

  // 根据接收到的消息内容切换模式
  Serial.print("执行命令: ");
  if (messageTemp == "1") {
    Serial.println("打开灯光（全量模式）");
    modeSwitch = 0;
    Open( ); // 开灯
  } else if (messageTemp == "2") {
    Serial.println("切换到七彩循环模式");
    modeSwitch = 2; // 七彩循环
  } else if (messageTemp == "3") {
    Serial.println("切换到呼吸灯模式");
    modeSwitch = 1; // 呼吸灯
    breathBrightness = 0;  // 重置呼吸灯亮度
  } else if (messageTemp == "4") {
    Serial.println("切换到七彩旋转模式");
    modeSwitch = 3; // 七彩旋转
    rotationPosition = 0;  // 重置旋转位置
  } else if (messageTemp == "0") {
    Serial.println("关闭灯光");
    modeSwitch = 0;
    Close( ); // 关灯
  } else {
    Serial.println("未知命令，忽略");
  }
  Serial.println("--------------------");

  // 在回调结束时再次喂狗
  feedWatchdog( );
}

void tryMqttConnect( ) {
  // 在函数开始时喂狗
  feedWatchdog( );

  // 检查连接状态
  if (!client.connected( )) {
    Serial.println("尝试MQTT连接...");

    // 尝试连接
    if (client.connect(mqtt_client_id, mqtt_user, mqtt_password)) {
      Serial.println("MQTT连接成功!");
```

```
      // 订阅主题
      Serial.print("订阅主题: ");
      Serial.println(mqtt_topic);
      client.subscribe(mqtt_topic);
      Serial.println("订阅完成");
    } else {
      Serial.print("连接失败，错误代码=");
      Serial.println(client.state( ));
    }
  }

  // 在函数结束时再次喂狗
  feedWatchdog( );
}

void checkWi-FiConnection( ) {
  if (Wi-Fi.status( ) != WL_CONNECTED) {
    Serial.println("Wi-Fi连接断开，尝试重新连接...");
    Wi-Fi.reconnect( );  // 使用reconnect而不是重新完整设置

    // 给一些时间让Wi-Fi重新连接
    int attempts = 0;
    while (Wi-Fi.status( ) != WL_CONNECTED && attempts < 10) {
      feedWatchdog( );
      delay(500);
      Serial.print(".");
      attempts++;
    }

    if (Wi-Fi.status( ) == WL_CONNECTED) {
      Serial.println("\nWi-Fi重新连接成功!");
    } else {
      Serial.println("\nWi-Fi重新连接失败!");
    }
  }
}

void Open( ) {
  strip.setBrightness(brightness);
  for (int i = 0; i < NUMPIXELS; i++) {
    strip.setPixelColor(i, R, G, B);
  }
  strip.show( );
}

void Close( ) {
  for (int i = 0; i < NUMPIXELS; i++) {
    strip.setPixelColor(i, 0, 0, 0);
  }
  strip.show( );
```

```
}

uint32_t Wheel(byte WheelPos) {
  WheelPos = 255 - WheelPos;
  if (WheelPos < 85) {
    return strip.Color(255 - WheelPos * 3, 0, WheelPos * 3);
  }
  if (WheelPos < 170) {
    WheelPos -= 85;
    return strip.Color(0, WheelPos * 3, 255 - WheelPos * 3);
  }
  WheelPos -= 170;
  return strip.Color(WheelPos * 3, 255 - WheelPos * 3, 0);
}

// 非阻塞彩虹展示
void updateRainbowDisplay( ) {
  strip.setBrightness(brightness);
  for (uint8_t i = 0; i < strip.numPixels( ); i++) {
    strip.setPixelColor(i, Wheel((i + lampStep) & 255));
  }
  lampStep = (lampStep + 1) & 0xFF;
  strip.show( );
}

// 非阻塞呼吸灯
void updateRGBBreath( ) {
  strip.setBrightness(breathBrightness);
  for (uint8_t i = 0; i < NUMPIXELS; i++) {
    strip.setPixelColor(i, R, G, B);
  }
  strip.show( );

  breathBrightness += fadeAmount;
  if (breathBrightness <= 0 || breathBrightness >= 180) {
    fadeAmount = -fadeAmount;
  }
}

// 非阻塞彩虹旋转
void updateRainbowCycle( ) {
  for (uint16_t i = 0; i < strip.numPixels( ); i++) {
    strip.setPixelColor(i, Wheel(((i * 256 / strip.numPixels( )) + rotationPosition)
& 255));
  }
  strip.setBrightness(brightness);
  strip.show( );

  rotationPosition = (rotationPosition + 1) % 256;  // 使用模运算避免溢出
}
```

```
void printStatusReport( ) {
  Serial.println("--------------------");
  Serial.println("状态报告:");
  Serial.print("运行时长: ");
  Serial.print(millis( ) / 1000);
  Serial.println(" 秒");
  Serial.print("当前模式: ");
  switch (modeSwitch) {
    case 0:
      if (strip.getBrightness( ) > 0) {
        Serial.println("普通模式 (灯亮)");
      } else {
        Serial.println("普通模式 (灯光)");
      }
      break;
    case 1: Serial.println("呼吸灯模式"); break;
    case 2: Serial.println("七彩循环模式"); break;
    case 3: Serial.println("七彩旋转模式"); break;
    default: Serial.println("未知模式"); break;
  }
  Serial.print("Wi-Fi状态: ");
  Serial.println(Wi-Fi.status( ) == WL_CONNECTED ? "已连接" : "未连接");
  Serial.print("Wi-Fi信号强度: ");
  Serial.print(Wi-Fi.RSSI( ));
  Serial.println(" dBm");
  Serial.print("MQTT状态: ");
  Serial.println(client.connected( ) ? "已连接" : "未连接");
  Serial.println("--------------------");
}

void setup( ) {
  // 增加ESP8266的稳定性
  ESP.wdtDisable( );
  ESP.wdtEnable(WDTO_8S);  // 设置为8秒超时

  // 设置串口
  Serial.begin(115200);
  delay(200);

  Serial.println("\n\n====================================");
  Serial.println("ESP8266 MQTT LED控制程序启动");
  Serial.println("====================================");

  // 打印复位原因
  printResetReason( );

  // 初始化LED
  Serial.println("初始化LED灯带...");
  strip.begin( );
```

```
  strip.show( );  // 初始化为全暗
  Serial.println("LED灯带初始化完成");

  // 设置定时喂狗，但不使用原先的yield( )
  wdtTicker.attach(1.0, feedWatchdog);

  // 连接Wi-Fi
  Serial.println("设置Wi-Fi连接...");
  setup_wifi( );

  // 设置MQTT服务器
  Serial.println("设置MQTT客户端...");
  client.setServer(mqtt_server, 1883);
  client.setCallback(callback);
  Serial.println("MQTT客户端设置完成");

  // 打印初始内存状态
  printMemoryInfo( );

  Serial.println("初始化完成，程序开始运行");
  Serial.println("====================================\n");
}

void loop( ) {
  // 在循环开始时喂狗
  feedWatchdog( );

  unsigned long currentMillis = millis( );

  // 检查Wi-Fi连接
  if (currentMillis - wifiCheckMillis >= wifiCheckinterval) {
    wifiCheckMillis = currentMillis;
    checkWi-FiConnection( );
  }

  // 如果Wi-Fi已连接，尝试连接MQTT
  if (Wi-Fi.status( ) == WL_CONNECTED) {
    // 检查并尝试MQTT连接
      if (!client.connected( ) && (currentMillis - mqttReconnectMillis >=
reconnectinterval)) {
      mqttReconnectMillis = currentMillis;
      tryMqttConnect( );
    }

    // 如果已连接，处理MQTT消息
    if (client.connected( )) {
      client.loop( );
    }
  }
```

```
  // 根据当前模式更新灯光效果
  if (currentMillis - previousEffectMillis >= effectinterval) {
    previousEffectMillis = currentMillis;

    // 执行对应的灯光模式
    switch (modeSwitch) {
      case 1:
        updateRGBBreath( );
        break;
      case 2:
        updateRainbowDisplay( );
        break;
      case 3:
        updateRainbowCycle( );
        break;
      // 模式0不需要更新，它是静态的开/关状态
    }
  }

  // 定期打印状态报告
  if (currentMillis - statusReportMillis >= statusinterval) {
    statusReportMillis = currentMillis;
    printStatusReport( );
  }

  // 定期检查内存
  if (currentMillis - memoryCheckMillis >= memoryCheckinterval) {
    memoryCheckMillis = currentMillis;
    printMemoryInfo( );
  }

  // 给系统一些喘息空间，但避免使用yield( )
  delay(1);  // 短延迟而不是yield( )
}
```

步骤2：基础框架搭建。

首先建立程序的基本结构，包括头文件引入、全局变量定义和基础配置。这个阶段需要明确系统的核心组件：Wi-Fi通信模块、MQTT客户端、LED控制器和定时器系统。每个组件都需要相应的配置参数和状态变量。具体代码如下。

```
// 系统配置阶段——定义核心组件的配置信息
const char *ssid = "***";          // Wi-Fi网络名称
const char *password = "*****";              // Wi-Fi密码
const char *mqtt_server = "**.***.***.*";    // MQTT服务器地址
```

在这个阶段，特别需要注意全局变量的设计。变量命名应当具有明确的语义，类型选择要考虑内存效率和数值范围。例如，使用uint8_t类型存储RGB颜色值和亮度值，既节省内存又满足数值范围要求。

步骤3：硬件初始化与网络连接。

建立设备的基础运行环境，包括串口通信、LED硬件、Wi-Fi网络和MQTT连接。这个阶段的代码编写需要考虑错误处理和重试机制，确保系统能够在各种网络环境下稳定启动。具体代码如下。

```
void setup( ) {
  // 看门狗配置——系统稳定性的基础保障
  ESP.wdtDisable( );
  ESP.wdtEnable(WDTO_8S);  // 设置8秒超时时间

  // 串口初始化——调试信息输出通道
  Serial.begin(115200);
  delay(200);
}
```

在上述代码中，看门狗机制是确保系统稳定的重要保障，通过定时喂狗，防止程序因死循环或异常导致系统挂起。8秒超时时间设置，既能防止系统假死，又能为正常的网络操作留足时间。

步骤4：事件处理与状态管理。

首先，实现MQTT消息处理和灯光效果状态切换逻辑。这个阶段的关键是设计合理的状态机，通过modeSwitch变量管理不同的工作模式，确保状态转换的正确性和一致性。具体代码如下。

```
void callback(char *topic, byte *message, unsigned int length) {
  feedWatchdog( );  // 回调函数开始时立即喂狗

  // 消息解析与状态切换
  String messageTemp;
  for (int i = 0; i < length; i++) {
    messageTemp += (char)message[i];
  }
}
```

其次，回调函数的设计需要特别注意执行效率和稳定性。由于回调函数在中断上下文中执行，因此应当避免长时间的阻塞操作，以确保系统的实时响应能力。

步骤5：灯光效果算法实现。

开发各种灯光效果的核心算法，包括颜色计算、亮度控制和动画更新。在这个阶段，需要深入了解LED控制原理和颜色空间转换算法。

步骤6：Wi-Fi连接管理模块。

Wi-Fi连接管理采用主动监控和被动重连相结合的策略。setup_wifi( )函数负责初始连接，通过配置Wi-Fi工作模式和连接参数，建立与路由器的通信链路。具体代码如下。

```
void setup_wifi( ) {
  Wi-Fi.mode(WIFI_STA);  // 设置为客户端模式
  Wi-Fi.setSleepMode(WIFI_NONE_SLEEP); // 禁用节能模式
  Wi-Fi.setAutoReconnect(true);  // 启用自动重连
}
```

将Wi-Fi模式设置为WIFI_STA（Station模式），使ESP8266作为客户端连接到现有的Wi-Fi网络。禁用睡眠模式，确保网络连接的稳定性，避免因节能机制导致连接中断。

checkWi-FiConnection( )函数用于实现连接状态的定期检查和自动恢复。当检测到Wi-Fi连接断开时，使用Wi-Fi.reconnect( )方法尝试重新建立连接，这种方式比完全重新初始化更加高效。

步骤7：MQTT通信协议处理。

MQTT通信模块采用异步处理机制，避免网络操作阻塞主程序的执行。tryMqttConnect( )函数负责建立MQTT连接和主题订阅，通过检查连接状态避免重复连接操作。具体代码如下。

```
void tryMqttConnect( ) {
  if (!client.connected( )) {
    if (client.connect(mqtt_client_id, mqtt_user, mqtt_password)) {
      client.subscribe(mqtt_topic);  // 订阅控制主题
    }
  }
}
```

MQTT客户端的状态管理通过client.connected( )方法进行检查，只有在连接断开时才能尝试重新连接。这种设计避免了不必要的网络开销，提高了系统的运行效率。

消息处理回调函数callback( )实现了命令解析和状态切换。通过字符串匹配方式解析控制命令，根据不同的命令值切换相应的灯光模式。

步骤8：LED颜色算法与效果实现。

颜色算法的核心是Wheel( )函数，该函数实现从HSV颜色空间到RGB的转换。函数将输入的色相值（0～255）映射到完整的色相环上，通过分段线性插值计算RGB分量。具体代码如下。

```
uint32_t Wheel(byte WheelPos) {
```

```
  WheelPos = 255 - WheelPos;  // 反转色相值
  if (WheelPos < 85) {
    return strip.Color(255 - WheelPos * 3, 0, WheelPos * 3);
  }
  // 其他色相范围的计算...
}
```

颜色轮算法将色相空间划分为三个区间，每个区间对应于RGB颜色空间中两个分量之间的线性过渡。这种算法计算简单，效果平滑，非常适合嵌入式系统的实时计算需求。

呼吸灯效果通过updateRGBBreath( )函数实现，采用锯齿波的亮度变化模拟呼吸节奏。fadeAmount变量控制亮度变化的方向和速度，当达到亮度边界时自动反转变化方向。具体代码如下。

```
void updateRGBBreath( ) {
  strip.setBrightness(breathBrightness);
  breathBrightness += fadeAmount;
  if (breathBrightness <= 0 || breathBrightness >= 180) {
    fadeAmount = -fadeAmount;  // 反转变化方向
  }
}
```

步骤9：定时器系统与非阻塞编程。

系统采用基于millis( )函数的软件定时器实现非阻塞的时间控制。通过记录上次的执行时间并与当前时间比较，实现精确的时间间隔控制。具体代码如下。

```
if (currentMillis - previousEffectMillis >= effectinterval) {
  previousEffectMillis = currentMillis;
  // 执行灯光效果更新
}
```

这种定时器机制的优势在于不会阻塞主程序的执行，允许多个定时任务并行运行。每个定时任务都有独立的时间计数器和执行间隔，以确保系统的实时性和响应能力。

步骤10：内存管理与系统监控。

系统实现了监控内存使用和报告状态的功能，通过ESP.getFreeHeap( )函数获取可用堆内存，帮助开发者了解程序的内存使用情况。具体代码如下。

```
void printMemoryInfo( ) {
  Serial.print("可用堆内存: ");
  Serial.print(ESP.getFreeHeap( ));
  Serial.println(" 字节");
}
```

定期检查内存可及时发现内存泄漏，避免长时间运行后因内存不足导致系统异常。状态报告功能提供全面的系统运行状态信息，涵盖网络连接状态、工作模式和运行时长等。

上述案例中需要掌握的核心编程技巧如下。

• 变量类型选择与内存优化：代码大量使用uint8_t和uint16_t等固定宽度整数类型，既节省内存，又提高可移植性。对于RGB颜色值、亮度和计数器等变量，选择合适的数据类型可显著减少内存的占用。

• 状态机设计模式：通过modeSwitch变量实现的状态机模式是处理复杂逻辑的有效方法，各状态对应一种工作模式，状态转换由外部事件触发，逻辑清晰且易扩展。

• 错误处理与容错设计：代码包含完善的错误处理机制，如网络连接失败重试、MQTT连接断开重连等，这些容错设计确保了系统在异常情况下的稳定性。

• 模块化编程思想：将复杂的功能分解成独立的函数模块，各模块负责特定功能。此设计提高了代码的可读性与可维护性，便于调试和功能扩展。

通过编程实现，ESP8266智能LED控制系统具备高稳定性、强实时性和良好的扩展性，为智能家居应用提供了可靠的技术基础。在编写主控程序时，要特别注意全局变量latest_light_value的线程安全问题，该变量存储最新的光传感器数值，会被多线程同时访问和修改。程序通过MQTT回调函数和HTTP API端点更新该变量，确保系统及时获取最新的传感器数据。

4.1.2 ESP32传感器节点程序开发

ESP32光传感器数据采集系统采用模块化编程架构，将复杂的功能分解为独立的模块。其核心设计理念是实现高可靠性数据采集与多通道数据传输，确保光照数据稳定、准确地传输到后端处理系统。

系统架构遵循分层设计原则，底层负责硬件抽象与基础通信协议，中层处理数据格式化与传输逻辑，上层实现业务逻辑与错误处理。这种架构使代码结构清晰，便于调试和维护。

在编程思路方面，采用事件驱动模式，利用定时器触发数据采集和传输操作，避免阻塞式编程导致系统响应延迟。此外，系统实现双重数据传输机制，通过MQTT协议和HTTP API确保数据传输的可靠性。在Arduino官网下载软件，根据步骤一步一步进行安装，打开程序，并且在工具中选择对应的串口和开发板，然后输入以下代码（见图4-11）。完成代码的编写后，单击“上传”按钮，就能将代码输入开发板进行控制。

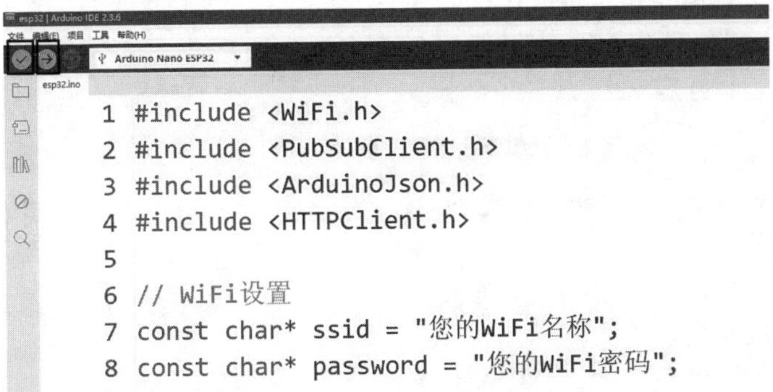

图 4-11　在 Arduino 程序里面编写

代码如下。

```
#include <Wi-Fi.h>
#include <PubSubClient.h>
#include <ArduinoJson.h>
#include <HTTPClient.h>

// Wi-Fi设置
const char* ssid = "你的Wi-Fi名称";
const char* password = "你的Wi-Fi密码";

// MQTT服务器设置
const char* mqtt_server = "树莓派IP地址";  // 请替换为你的树莓派IP地址
const int mqtt_port = 1883;
const char* mqtt_client_id = "ESP32_Light_Sensor";
const char* mqtt_topic_light = "home/light_sensor";

// 光传感器设置
const int lightSensorPin = 34;  // 使用ESP32的ADC引脚

// 树莓派API设置
const char* raspberryPiApiUrl = "http://树莓派IP地址:端口号/api/light_data";  // 请替换为你的树莓派API地址

// 客户端实例
Wi-FiClient espClient;
PubSubClient mqtt(espClient);

// 读取间隔时间（毫秒）
const long readinterval = 30000;  // 30秒
unsigned long lastReadTime = 0;
```

```
void setup( ) {
  Serial.begin(115200);

  // 设置光传感器引脚为输入
  pinMode(lightSensorPin, INPUT);

  // 连接Wi-Fi
  setupWi-Fi( );

  // 设置MQTT服务器
  mqtt.setServer(mqtt_server, mqtt_port);
}

void loop( ) {
  // 确保Wi-Fi连接
  if (Wi-Fi.status( ) != WL_CONNECTED) {
    setupWi-Fi( );
  }

  // 确保MQTT连接
  if (!mqtt.connected( )) {
    reconnectMQTT( );
  }
  mqtt.loop( );

  // 定时读取光传感器数据并发送
  unsigned long currentMillis = millis( );
  if (currentMillis - lastReadTime >= readinterval) {
    lastReadTime = currentMillis;

    // 读取光传感器数据
    int lightValue = readLightSensor( );

    // 通过MQTT发送数据
    sendDataViaMQTT(lightValue);

    // 通过HTTP API发送数据到树莓派
    sendDataViaHTTP(lightValue);
  }
}

void setupWi-Fi( ) {
  delay(10);
  Serial.println( );
  Serial.print("正在连接Wi-Fi: ");
  Serial.println(ssid);

  Wi-Fi.begin(ssid, password);
```

```
  while (Wi-Fi.status( ) != WL_CONNECTED) {
    delay(500);
    Serial.print(".");
  }

  Serial.println("");
  Serial.println("Wi-Fi已连接");
  Serial.print("IP地址: ");
  Serial.println(Wi-Fi.localIP( ));
}

void reconnectMQTT( ) {
  while (!mqtt.connected( )) {
    Serial.print("尝试连接MQTT...");
    if (mqtt.connect(mqtt_client_id)) {
      Serial.println("已连接");
    } else {
      Serial.print("连接失败，错误码: ");
      Serial.print(mqtt.state( ));
      Serial.println(", 5秒后重试");
      delay(5000);
    }
  }
}

int readLightSensor( ) {
  int rawValue = analogRead(lightSensorPin);
  Serial.print("光传感器原始值: ");
  Serial.println(rawValue);

  // 根据需要进行值的映射或转换
  // 例如，将ESP32的0～4095范围映射到0%～100%
  int mappedValue = map(rawValue, 0, 4095, 0, 100);
  Serial.print("光传感器映射值(%): ");
  Serial.println(mappedValue);

  return mappedValue;
}

void sendDataViaMQTT(int lightValue) {
  // 创建JSON数据
  DynamicJsonDocument doc(256);
  doc["device"] = "ESP32";
  doc["sensor"] = "light";
  doc["value"] = lightValue;
  doc["timestamp"] = millis( );

  char jsonBuffer[256];
  serializeJson(doc, jsonBuffer);
```

```
  // 发布到MQTT主题
  if (mqtt.publish(mqtt_topic_light, jsonBuffer)) {
    Serial.println("MQTT消息发送成功");
  } else {
    Serial.println("MQTT消息发送失败");
  }
}

void sendDataViaHTTP(int lightValue) {
  if (Wi-Fi.status( ) == WL_CONNECTED) {
    HTTPClient http;
    http.begin(raspberryPiApiUrl);
    http.addHeader("Content-Type", "application/json");

    // 创建JSON数据
    DynamicJsonDocument doc(256);
    doc["light"] = lightValue;

    String requestBody;
    serializeJson(doc, requestBody);

    int httpResponseCode = http.POST(requestBody);

    if (httpResponseCode > 0) {
      String response = http.getString( );
      Serial.println("HTTP响应码: " + String(httpResponseCode));
      Serial.println("响应内容: " + response);
    } else {
      Serial.print("HTTP请求错误: ");
      Serial.println(httpResponseCode);
    }

    http.end( );
  } else {
    Serial.println("Wi-Fi未连接，无法发送HTTP请求");
  }
}
```

步骤1：系统初始化与硬件配置。

在编程开始阶段，需要建立系统的基础运行环境，包括串口通信、Wi-Fi网络配置和硬件引脚设置。这个阶段的重点是确保硬件资源正确初始化和网络连接稳定建立。具体代码如下。

```
void setup( ) {
  Serial.begin(115200);                // 串口通信初始化
  pinMode(lightSensorPin, INPUT);      // 配置传感器引脚为输入模式
  setupWi-Fi( );                         // 建立Wi-Fi网络连接
  mqtt.setServer(mqtt_server, mqtt_port);  // 配置MQTT服务器
}
```

将串口通信的波特率设置为115200，这个速率在保证通信稳定性的同时提供了足够的数据传输速度。将光传感器引脚配置为模拟输入模式，使ESP32能够读取模拟信号。Wi-Fi和MQTT的初始化也为后续的数据传输建立了通信基础。

步骤2：网络连接管理模块开发。

网络连接管理是系统稳定运行的关键环节，需要实现建立Wi-Fi连接、状态监控和自动重连功能。编程时需要考虑各种网络异常情况和相应的处理策略。具体代码如下。

```
void setupWi-Fi( ) {
  Wi-Fi.begin(ssid, password);          // 启动Wi-Fi连接
  while (Wi-Fi.status( ) != WL_CONNECTED) {
    delay(500);                         // 等待连接建立
    Serial.print(".");                  // 展示连接进度
  }
}
```

Wi-Fi连接采用阻塞式等待策略，通过循环检查连接状态直到连接成功。这种方式确保了后续操作在网络连接稳定的基础上进行。连接过程中的进度展示可以帮助开发者了解连接状态。

MQTT连接管理采用重试机制，当连接失败时，会等待一定时间后重试。这种设计提高了系统对网络波动的适应能力。具体代码如下。

```
void reconnectMQTT( ) {
  while (!mqtt.connected( )) {
    if (mqtt.connect(mqtt_client_id)) {
      Serial.println("已连接");
    } else {
      delay(5000);                      // 连接失败后等待重试
    }
  }
}
```

步骤3：传感器数据处理模块的实现。

传感器数据处理模块负责光照数据的采集、处理和格式化。这个模块的核心是将模拟信号转换为数字值，并进行合适的数值映射和标准化处理。具体代码如下。

```
int readLightSensor( ) {
  int rawValue = analogRead(lightSensorPin);      // 读取原始ADC值
  int mappedValue = map(rawValue, 0, 4095, 0, 100);  // 数值映射
  return mappedValue;
}
```

ESP32的ADC具有12位分辨率，能够提供0～4095的数值范围。通过map( )函数将这个范围线性映射到0～100的百分比范围，使数据更加直观和标准化。这种处理方式便于后续的数据分析和决策制定。

原始数值和映射后数值的同时输出为调试和系统监控提供了重要信息，帮助开发者了解传感器的工作状态和数据质量。

步骤4：数据传输协议实现。

数据传输模块实现了MQTT和HTTP两种通信协议，为系统提供了冗余的数据传输通道。这种设计确保了即使某一种通信方式出现问题，系统仍能正常工作。具体代码如下。

```
void sendDataViaMQTT(int lightValue) {
  // 创建JSON数据
  DynamicJsonDocument doc(256);
  doc["device"] = "ESP32";
  doc["sensor"] = "light";
  doc["value"] = lightValue;
  doc["timestamp"] = millis( );

  char jsonBuffer[256];
  serializeJson(doc, jsonBuffer);

  // 发布到MQTT主题
  if (mqtt.publish(mqtt_topic_light, jsonBuffer)) {
    Serial.println("MQTT消息发送成功");
  } else {
    Serial.println("MQTT消息发送失败");
  }
}

void sendDataViaHTTP(int lightValue) {
  if (Wi-Fi.status( ) == WL_CONNECTED) {
    HTTPClient http;
    http.begin(raspberryPiApiUrl);
    http.addHeader("Content-Type", "application/json");

    // 创建JSON数据
    DynamicJsonDocument doc(256);
    doc["light"] = lightValue;

    String requestBody;
    serializeJson(doc, requestBody);

    int httpResponseCode = http.POST(requestBody);
```

```
    if (httpResponseCode > 0) {
      String response = http.getString( );
      Serial.println("HTTP响应码: " + String(httpResponseCode));
      Serial.println("响应内容: " + response);
    } else {
      Serial.print("HTTP请求错误: ");
      Serial.println(httpResponseCode);
    }

    http.end( );
  } else {
    Serial.println("Wi-Fi未连接，无法发送HTTP请求");
  }
}
```

这种设计实现了数据的双重传输保障，即使其中一种通信方式失败，另一种仍可以工作，提高了系统的可靠性。MQTT适合实时、低延迟的消息传递，而HTTP API则提供了更通用的RESTful接口，便于与其他系统集成。

步骤5：Wi-Fi网络管理与连接监控。

Wi-Fi网络管理模块采用主动监控策略，在主循环中持续检查网络连接状态。当检测到连接断开时，系统会立即尝试重新建立连接，最大限度地减少网络中断对数据采集的影响。具体代码如下。

```
if (Wi-Fi.status( ) != WL_CONNECTED) {
  setupWi-Fi( );                              // 网络断开时重新连接
}
```

这种连接监控机制的优势在于能够快速响应网络状态的变化，确保系统在各种网络环境中稳定运行。特别是在Wi-Fi信号不稳定的环境中，这种机制能够有效保证数据传输的连续性。

步骤6：MQTT通信协议处理。

MQTT通信模块采用异步处理机制，通过mqtt.loop( )函数处理网络事件和消息收发。这种设计避免了网络操作对主程序执行的阻塞影响。具体代码如下。

```
void sendDataViaMQTT(int lightValue) {
  DynamicJsonDocument doc(256);       // 创建JSON文档对象
  doc["device"] = "ESP32";            // 设备标识
  doc["sensor"] = "light";            // 传感器类型
  doc["value"] = lightValue;          // 传感器数值
  doc["timestamp"] = millis( );        // 时间戳
}
```

JSON数据格式具有良好的结构化特性和跨平台兼容性。数据包含完整的上下文信息，包括设备标识、传感器类型、数值和时间戳，为后端系统的数据处理提供了充分的信息。

MQTT发布操作通过返回值检查成功状态，这种错误检测机制可以帮助系统及时发现和处理通信问题。

步骤7：HTTP API数据传输。

HTTP API传输模块实现了标准的RESTful API调用，通过POST方法向树莓派服务器发送JSON格式的传感器数据。这种方式提供了与MQTT协议互补的数据传输通道。具体代码如下。

```
void sendDataViaHTTP(int lightValue) {
  HTTPClient http;
  http.begin(raspberryPiApiUrl);              // 设置目标URL
  http.addHeader("Content-Type", "application/json");  // 设置内容类型

  int httpResponseCode = http.POST(requestBody);        // 发送POST请求
}
```

HTTP请求的处理包含完整的错误检测和状态码分析。通过检查状态码和响应内容，系统能够了解数据传输的状态和服务器的处理结果。HTTP客户端的资源管理通过http.end( )方法确保连接资源的正确释放，避免内存泄漏和连接池耗尽的问题。

步骤8：定时器系统与任务调度。

系统采用基于millis( )函数的软件定时器实现精确的时间控制。这种定时器机制不会阻塞主程序的执行，允许系统同时处理多个任务。具体代码如下。

```
unsigned long currentMillis = millis( );
if (currentMillis - lastReadTime >= readinterval) {
  lastReadTime = currentMillis;
  // 执行数据采集和传输
}
```

30秒的采集间隔在数据实时性和系统资源消耗之间取得了良好的平衡。这个间隔既能及时反映环境变化，又避免了过于频繁的数据传输对网络资源的过度占用。

定时器的实现使用无符号长整型，能够处理系统运行时间溢出问题，确保长期运行的稳定性。

步骤9：模拟信号数字化处理。

ESP32的ADC模块提供了高精度的模拟信号数字化能力。analogRead( )函数返回12位的数字值，对应0～3.3V的电压范围。这种精度级别能够满足大多数光照检测应用需求。具体代码如下。

```
int rawValue = analogRead(lightSensorPin);          // 获取12位ADC值
int mappedValue = map(rawValue, 0, 4095, 0, 100); // 映射到百分比
```

数值映射过程将与硬件相关的ADC数值转换为标准化的百分比表示，这种处理方式具有良好的可读性和跨平台兼容性。映射后的数值更容易被后端系统理解和处理。

步骤10：JSON数据结构设计。

系统采用JSON格式进行数据封装，这种格式具有良好的结构化特性和广泛的支持度。JSON文档的设计包含完整的数据上下文，便于后端系统进行解析和处理。具体代码如下。

```
DynamicJsonDocument doc(256);                          // 分配JSON文档内存
doc["device"] = "ESP32";                               // 设备标志字段
doc["sensor"] = "light";                               // 传感器类型字段
doc["value"] = lightValue;                             // 数值数据字段
doc["timestamp"] = millis( );                           // 时间戳字段
```

256字节的内存分配为JSON文档提供了充足的空间，同时控制了内存使用量。时间戳字段记录了数据采集的时间，为数据分析和时序处理提供了重要参考。通过这样完整的编程实现，ESP32光传感器数据采集系统具备了高可靠性、高稳定性和良好扩展性的特点，为智能家居系统提供了可靠的数据采集基础。

4.1.3　ESP8266灯光控制器程序开发

ESP8266灯光控制器程序采用事件驱动的多任务编程架构（见图4-12），通过状态机模式管理复杂的灯光效果和系统状态。整个系统的设计核心是实现高可靠性的MQTT通信控制和流畅的LED视觉效果，同时确保系统的长期稳定运行。

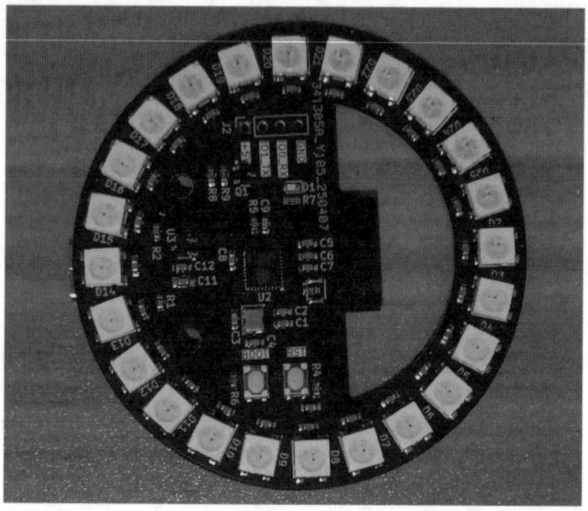

图 4-12　ESP8266 灯光控制器程序

编程架构遵循模块化设计原则，将系统功能划分为网络通信、设备控制、效果渲染和系统监控四个主要模块。每个模块相对独立，通过定义明确的接口进行交互，这种设计使得代码结构清晰，便于调试和功能扩展。

系统采用非阻塞编程模式，通过时间片轮询的方式处理多个并发任务。这种设计避免了传统阻塞式编程可能导致的系统响应延迟，确保了LED效果的流畅性和MQTT通信的实时性。

打开Arduino程序，并输入以下代码（见图4-13）。编写代码完成后，单击“上传”按钮，就能将代码上传到开发板进行控制。

```
#include <ESP8266Wi-Fi.h>
#include <PubSubClient.h>
#include <Adafruit_NeoPixel.h>
#include <Ticker.h>

// Wi-Fi 配置信息
const char *ssid = "********";
const char *password = "*********";

// MQTT 配置信息
const char *mqtt_server = "**.***.***.*";
const char *mqtt_user = "testtopic01";
const char *mqtt_password = "";
const char *mqtt_client_id = "mqttx_7296037555";
const char *mqtt_topic = "testtopic01";

Wi-FiClient espClient;
```

图 4-13　在 Arduino 程序里面编写代码

代码如下。

```
#include <ESP8266Wi-Fi.h>
#include <PubSubClient.h>
#include <Adafruit_NeoPixel.h>
#include <Ticker.h>

// Wi-Fi 配置信息
const char *ssid = "********";
const char *password = "*********";

// MQTT 配置信息
const char *mqtt_server = "**.***.***.*";
const char *mqtt_user = "testtopic01";
const char *mqtt_password = "";
const char *mqtt_client_id = "mqttx_7296037555";
const char *mqtt_topic = "testtopic01";

Wi-FiClient espClient;
PubSubClient client(espClient);
Ticker wdtTicker;  // 用于定期喂狗，但不使用yield

// 灯带设置
#define NUMPIXELS 26
#define PIN 4
Adafruit_NeoPixel strip = Adafruit_NeoPixel(NUMPIXELS, PIN, NEO_GRB + NEO_KHZ800);

uint8_t R = 252;
uint8_t G = 255;
uint8_t B = 0;
uint8_t brightness = 180;
static uint8_t lampStep = 0;
uint8_t fadeAmount = 2;
uint8_t modeSwitch = 0;
uint8_t breathBrightness = 0;

// 状态控制变量，用于非阻塞操作
unsigned long previousMillis = 0;
unsigned long previousEffectMillis = 0;
unsigned long mqttReconnectMillis = 0;
unsigned long statusReportMillis = 0;
unsigned long memoryCheckMillis = 0;
unsigned long wifiCheckMillis = 0;
uint16_t rotationPosition = 0;

// 操作间隔时间
const long effectinterval = 20;          // 灯光效果更新间隔（毫秒）
const long statusinterval = 60000;       // 状态报告间隔（毫秒）
const long memoryCheckinterval = 120000; // 内存检查间隔（毫秒）
const long reconnectinterval = 5000;     // MQTT重连尝试间隔
```

```
const long wifiCheckinterval = 30000;   // Wi-Fi检查间隔

// 看门狗处理——只喂狗，不使用yield
void feedWatchdog( ) {
  ESP.wdtFeed( );  // 只喂养软件看门狗，不调用yield( )
}

void printResetReason( ) {
  Serial.println("--------------------");
  Serial.print("复位原因: ");
  Serial.println(ESP.getResetReason( ));
  Serial.println("上次复位原因详情: " + ESP.getResetInfo( ));
  Serial.println("--------------------");
}

void printMemoryInfo( ) {
  Serial.println("--------------------");
  Serial.print("可用堆内存: ");
  Serial.print(ESP.getFreeHeap( ));
  Serial.println(" 字节");
  Serial.println("--------------------");
}

void setup_wifi( ) {
  int attemptCount = 0;
  const int maxAttempts = 10;  // 降低最大尝试次数

  delay(10);
  Serial.println( );
  Serial.print("连接Wi-Fi网络: ");
  Serial.println(ssid);

  // Wi-Fi连接配置
  Wi-Fi.mode(WIFI_STA);  // 明确设置为station模式
  Wi-Fi.setSleepMode(WIFI_NONE_SLEEP); // 禁用Wi-Fi睡眠模式，提高稳定性
  Wi-Fi.setAutoReconnect(true);  // 允许自动重连

  // 开始连接Wi-Fi
  Wi-Fi.begin(ssid, password);

  while (Wi-Fi.status( ) != WL_CONNECTED && attemptCount < maxAttempts) {
    feedWatchdog( );  // 确保看门狗不会重置设备
    delay(500);
    Serial.print(".");
    attemptCount++;
  }

  if (Wi-Fi.status( ) == WL_CONNECTED) {
    Serial.println("");
    Serial.println("Wi-Fi连接成功!");
```

```
    Serial.print("IP地址: ");
    Serial.println(Wi-Fi.localIP( ));
  } else {
    Serial.println("");
    Serial.println("Wi-Fi连接失败! 将继续尝试...");
  }
}

void callback(char *topic, byte *message, unsigned int length) {
  // 在回调开始时喂狗
  feedWatchdog( );

  // 清晰地打印主题名称
  Serial.println("--------------------");
  Serial.print("收到MQTT消息 | 主题: ");
  Serial.println(topic);

  // 打印消息内容
  Serial.print("消息内容: ");
  String messageTemp;

  // 将byte数组转换为字符串
  for (int i = 0; i < length; i++) {
    Serial.print((char)message[i]);
    messageTemp += (char)message[i];
  }
  Serial.println( );

  // 再打印一次完整的消息（以字符串形式）
  Serial.print("消息字符串: [");
  Serial.print(messageTemp);
  Serial.println("]");

  // 根据接收到的消息内容切换模式
  Serial.print("执行命令: ");
  if (messageTemp == "1") {
    Serial.println("打开灯光（全量模式）");
    modeSwitch = 0;
    Open( ); // 开灯
  } else if (messageTemp == "2") {
    Serial.println("切换到七彩循环模式");
    modeSwitch = 2; // 七彩循环
  } else if (messageTemp == "3") {
    Serial.println("切换到呼吸灯模式");
    modeSwitch = 1; // 呼吸灯
    breathBrightness = 0;  // 重置呼吸灯亮度
  } else if (messageTemp == "4") {
    Serial.println("切换到七彩旋转模式");
    modeSwitch = 3; // 七彩旋转
    rotationPosition = 0;  // 重置旋转位置
```

```
  } else if (messageTemp == "0") {
    Serial.println("关闭灯光");
    modeSwitch = 0;
    Close( ); // 关灯
  } else {
    Serial.println("未知命令，忽略");
  }
  Serial.println("--------------------");

  // 在回调结束时再次喂狗
  feedWatchdog( );
}

void tryMqttConnect( ) {
  // 在函数开始时喂狗
  feedWatchdog( );

  // 检查连接状态
  if (!client.connected( )) {
    Serial.println("尝试MQTT连接...");

    // 尝试连接
    if (client.connect(mqtt_client_id, mqtt_user, mqtt_password)) {
      Serial.println("MQTT连接成功!");

      // 订阅主题
      Serial.print("订阅主题: ");
      Serial.println(mqtt_topic);
      client.subscribe(mqtt_topic);
      Serial.println("订阅完成");
    } else {
      Serial.print("连接失败，错误代码=");
      Serial.println(client.state( ));
    }
  }

  // 在函数结束时再次喂狗
  feedWatchdog( );
}

void checkWi-FiConnection( ) {
  if (Wi-Fi.status( ) != WL_CONNECTED) {
    Serial.println("Wi-Fi连接断开，尝试重新连接...");
    Wi-Fi.reconnect( );  // 使用reconnect而不是重新完整设置

    // 给一些时间让Wi-Fi重新连接
    int attempts = 0;
    while (Wi-Fi.status( ) != WL_CONNECTED && attempts < 10) {
      feedWatchdog( );
      delay(500);
```

```
      Serial.print(".");
      attempts++;
    }

    if (Wi-Fi.status( ) == WL_CONNECTED) {
      Serial.println("\nWi-Fi重新连接成功!");
    } else {
      Serial.println("\nWi-Fi重新连接失败!");
    }
  }
}

void Open( ) {
  strip.setBrightness(brightness);
  for (int i = 0; i < NUMPIXELS; i++) {
    strip.setPixelColor(i, R, G, B);
  }
  strip.show( );
}

void Close( ) {
  for (int i = 0; i < NUMPIXELS; i++) {
    strip.setPixelColor(i, 0, 0, 0);
  }
  strip.show( );
}

uint32_t Wheel(byte WheelPos) {
  WheelPos = 255 - WheelPos;
  if (WheelPos < 85) {
    return strip.Color(255 - WheelPos * 3, 0, WheelPos * 3);
  }
  if (WheelPos < 170) {
    WheelPos -= 85;
    return strip.Color(0, WheelPos * 3, 255 - WheelPos * 3);
  }
  WheelPos -= 170;
  return strip.Color(WheelPos * 3, 255 - WheelPos * 3, 0);
}

// 非阻塞彩虹展示
void updateRainbowDisplay( ) {
  strip.setBrightness(brightness);
  for (uint8_t i = 0; i < strip.numPixels( ); i++) {
    strip.setPixelColor(i, Wheel((i + lampStep) & 255));
  }
  lampStep = (lampStep + 1) & 0xFF;
  strip.show( );
}
```

```
// 非阻塞呼吸灯
void updateRGBBreath( ) {
  strip.setBrightness(breathBrightness);
  for (uint8_t i = 0; i < NUMPIXELS; i++) {
    strip.setPixelColor(i, R, G, B);
  }
  strip.show( );

  breathBrightness += fadeAmount;
  if (breathBrightness <= 0 || breathBrightness >= 180) {
    fadeAmount = -fadeAmount;
  }
}

// 非阻塞彩虹旋转
void updateRainbowCycle( ) {
  for (uint16_t i = 0; i < strip.numPixels( ); i++) {
    strip.setPixelColor(i, Wheel(((i * 256 / strip.numPixels( )) + rotationPosition)
& 255));
  }
  strip.setBrightness(brightness);
  strip.show( );

  rotationPosition = (rotationPosition + 1) % 256;  // 使用模运算避免溢出
}

void printStatusReport( ) {
  Serial.println("--------------------");
  Serial.println("状态报告:");
  Serial.print("运行时长: ");
  Serial.print(millis( ) / 1000);
  Serial.println(" 秒");
  Serial.print("当前模式: ");
  switch (modeSwitch) {
    case 0:
      if (strip.getBrightness( ) > 0) {
        Serial.println("普通模式 (灯亮)");
      } else {
        Serial.println("普通模式 (灯光)");
      }
      break;
    case 1: Serial.println("呼吸灯模式"); break;
    case 2: Serial.println("七彩循环模式"); break;
    case 3: Serial.println("七彩旋转模式"); break;
    default: Serial.println("未知模式"); break;
  }
  Serial.print("Wi-Fi状态: ");
  Serial.println(Wi-Fi.status( ) == WL_CONNECTED ? "已连接" : "未连接");
  Serial.print("Wi-Fi信号强度: ");
  Serial.print(Wi-Fi.RSSI( ));
```

```
  Serial.println(" dBm");
  Serial.print("MQTT状态: ");
  Serial.println(client.connected( ) ? "已连接" : "未连接");
  Serial.println("--------------------");
}

void setup( ) {
  // 增加ESP8266的稳定性
  ESP.wdtDisable( );
  ESP.wdtEnable(WDTO_8S);  // 设置为8秒超时

  // 设置串口
  Serial.begin(115200);
  delay(200);

  Serial.println("\n\n=====================================");
  Serial.println("ESP8266 MQTT LED控制程序启动");
  Serial.println("=====================================");

  // 打印复位原因
  printResetReason( );

  // 初始化LED
  Serial.println("初始化LED灯带...");
  strip.begin( );
  strip.show( );  // 初始化为全暗
  Serial.println("LED灯带初始化完成");

  // 设置定时喂狗，但不使用原先的yield( )
  wdtTicker.attach(1.0, feedWatchdog);

  // 连接Wi-Fi
  Serial.println("设置Wi-Fi连接...");
  setup_wifi( );

  // 设置MQTT服务器
  Serial.println("设置MQTT客户端...");
  client.setServer(mqtt_server, 1883);
  client.setCallback(callback);
  Serial.println("MQTT客户端设置完成");

  // 打印初始内存状态
  printMemoryInfo( );

  Serial.println("初始化完成，程序开始运行");
  Serial.println("=====================================\n");
}

void loop( ) {
  // 在循环开始时喂狗
```

```
  feedWatchdog( );

  unsigned long currentMillis = millis( );

  // 检查Wi-Fi连接
  if (currentMillis - wifiCheckMillis >= wifiCheckinterval) {
    wifiCheckMillis = currentMillis;
    checkWi-FiConnection( );
  }

  // 如果Wi-Fi已连接，尝试连接MQTT
  if (Wi-Fi.status( ) == WL_CONNECTED) {
    // 检查并尝试MQTT连接
      if (!client.connected( ) && (currentMillis - mqttReconnectMillis >=
reconnectinterval)) {
      mqttReconnectMillis = currentMillis;
      tryMqttConnect( );
    }

    // 如果已连接，处理MQTT消息
    if (client.connected( )) {
      client.loop( );
    }
  }

  // 根据当前模式更新灯光效果
  if (currentMillis - previousEffectMillis >= effectinterval) {
    previousEffectMillis = currentMillis;

    // 执行对应的灯光模式
    switch (modeSwitch) {
      case 1:
        updateRGBBreath( );
        break;
      case 2:
        updateRainbowDisplay( );
        break;
      case 3:
        updateRainbowCycle( );
        break;
      // 模式0不需要更新，它是静态的开/关状态
    }
  }

  // 定期打印状态报告
  if (currentMillis - statusReportMillis >= statusinterval) {
    statusReportMillis = currentMillis;
    printStatusReport( );
  }

  // 定期检查内存
  if (currentMillis - memoryCheckMillis >= memoryCheckinterval) {
```

```
    memoryCheckMillis = currentMillis;
    printMemoryInfo( );
  }

  // 给系统一些喘息空间，但避免使用yield( )
  delay(1);  // 短延迟而不是yield( )
}
```

步骤1：系统基础架构建立。

编程的开始阶段需要建立系统的核心架构，包括硬件抽象层、通信协议栈和任务调度框架。这个阶段的重点是确保各个子系统能够协调工作，为后续功能开发奠定稳固的基础。具体代码如下。

```
// 系统核心配置——建立基础运行环境
ESP.wdtDisable( );                    // 禁用默认看门狗
ESP.wdtEnable(WDTO_8S);              // 启用8秒超时看门狗
Serial.begin(115200);                // 初始化串口通信
```

看门狗机制的配置是系统稳定性的重要保障。8秒的超时时间设置在防止系统死锁和允许正常网络操作之间取得了平衡。这个时间长度既能及时检测异常情况，又可以为复杂的网络操作提供充足的执行时间。

LED硬件的初始化采用Adafruit_NeoPixel库，这个库提供了完整的WS2812B LED控制功能。初始化过程包括引脚配置、颜色格式设置和通信协议参数配置。具体代码如下。

```
strip.begin( );                       // 初始化LED控制器
strip.show( );                        // 设置初始状态为全暗
```

步骤2：网络通信层开发。

网络通信层是系统的核心组件，负责Wi-Fi连接管理和MQTT协议处理。这个层次的开发需要考虑各种网络异常情况和相应的恢复策略。具体代码如下。

```
void setup_wifi( ) {
  Wi-Fi.mode(WIFI_STA);                   // 设置为客户端模式
  Wi-Fi.setSleepMode(WIFI_NONE_SLEEP); // 禁用Wi-Fi节能模式
  Wi-Fi.setAutoReconnect(true);          // 启用自动重连功能
}
```

Wi-Fi配置采用Station模式，使ESP8266作为客户端连接到现有网络。禁用休眠模式，确保网络连接的持续稳定，避免因节能机制导致通信中断。自动重连功能提供了基础的网络恢复能力。

MQTT客户端的配置包括服务器地址、端口号、认证信息和回调函数设置。回调函数是处理远程控制命令的核心机制，需要具备快速响应和可靠的解析能力。具体代码如下。

```
client.setServer(mqtt_server, 1883);   // 配置MQTT服务器
client.setCallback(callback);          // 设置消息回调函数
```

步骤3：灯光效果算法实现。

灯光效果算法是系统的视觉核心，需要实现多种动态效果的平滑渲染。算法设计采用数学模型驱动的方式，通过色彩空间变换和时间函数计算生成丰富的视觉效果。具体代码如下。

```
uint32_t Wheel(byte WheelPos) {
  WheelPos = 255 - WheelPos;             // 色相值反转
  if (WheelPos < 85) {
    return strip.Color(255 - WheelPos * 3, 0, WheelPos * 3);
  }
  // 其他色相区间的RGB计算
}
```

色轮算法实现了从HSV到RGB颜色空间的高效转换。通过将色相环划分为3个线性区间，每个区间内使用简单的线性插值计算RGB分量，这种方法计算效率高，色彩过渡自然。

呼吸灯效果通过亮度的周期性变化来实现。采用锯齿波形模拟呼吸节奏。算法通过控制亮度变化的方向和速度，创造出自然的呼吸效果。具体代码如下。

```
void updateRGBBreath( ) {
  breathBrightness += fadeAmount;       // 亮度递增或递减
  if (breathBrightness <= 0 || breathBrightness >= 180) {
    fadeAmount = -fadeAmount;           // 到达边界时反转变化方向
  }
}
```

步骤4：任务调度与状态管理。

任务调度系统基于时间片轮询机制，通过多个独立的定时器管理不同功能模块的执行时序。这种设计确保了系统资源的合理分配和各项功能的协调运行。具体代码如下。

```
unsigned long currentMillis = millis( );
if (currentMillis - previousEffectMillis >= effectinterval) {
  previousEffectMillis = currentMillis;
  // 执行灯光效果更新
}
```

步骤5：MQTT消息处理与命令解析。

MQTT消息处理模块是系统的控制中枢，负责接收和解析远程控制命令。消

息处理采用字符串匹配的方式识别不同的控制指令，通过状态机切换实现功能模式的转换。具体代码如下。

```
void callback(char *topic, byte *message, unsigned int length) {
  feedWatchdog( );                          // 回调开始时立即喂狗

  String messageTemp;
  for (int i = 0; i < length; i++) {
    messageTemp += (char)message[i];  // 字节数组转字符串
  }
}
```

消息解析过程包括数据类型转换、内容校验和命令识别三个步骤。从字节数组到字符串的转换确保了数据的正确性，字符串匹配提供了灵活的命令识别机制。

命令执行采用实时响应策略，收到有效命令后立即切换系统状态。这种设计保证了控制指令的实时性，提供了良好的用户体验。具体代码如下。

```
if (messageTemp == "1") {
  modeSwitch = 0;                           // 切换到普通模式
  Open( );                                   // 立即执行开灯操作
} else if (messageTemp == "3") {
  modeSwitch = 1;                           // 切换到呼吸灯模式
  breathBrightness = 0;                     // 重置呼吸灯状态
}
```

步骤6：网络连接监控与自动恢复。

网络连接监控模块采用主动监测和被动恢复相结合的策略。系统定期检查Wi-Fi和MQTT的连接状态，当检测到连接异常时，立即启动恢复程序。具体代码如下。

```
void checkWi-FiConnection( ) {
  if (Wi-Fi.status( ) != WL_CONNECTED) {
    Wi-Fi.reconnect( );                      // 使用快速重连方法

    int attempts = 0;
    while (Wi-Fi.status( ) != WL_CONNECTED && attempts < 10) {
      feedWatchdog( );                       // 重连过程中持续喂狗
      delay(500);
      attempts++;
    }
  }
}
```

Wi-Fi重连策略采用Wi-Fi.reconnect( )方法而非完全重新初始化，这种方式更加高效，能够快速恢复网络连接。重连过程中的看门狗喂养确保了系统不会因为网络延迟而重启。

MQTT连接管理采用状态检查和定时重连相结合的机制。系统在主循环中定期检查MQTT连接状态，发现断开后按照设定的时间间隔尝试重新连接。具体代码如下。

```
if (!client.connected( ) && (currentMillis - mqttReconnectMillis >= reconnectinterval)) {
  mqttReconnectMillis = currentMillis;
  tryMqttConnect( );                    // 尝试MQTT重连
}
```

步骤7：LED效果渲染引擎。

LED效果渲染引擎采用状态机模式管理不同的视觉效果。每种效果都有独立的更新函数和状态变量，通过模式切换变量modeSwitch控制当前激活的效果。

彩虹循环效果则通过色相值的连续变化来实现，每个LED的颜色基于其位置和时间偏移计算得出。这种算法可以产生流动的彩虹效果。具体代码如下。

```
void updateRainbowDisplay( ) {
  for (uint8_t i = 0; i < strip.numPixels( ); i++) {
    strip.setPixelColor(i, Wheel((i + lampStep) & 255));
  }
  lampStep = (lampStep + 1) & 0xFF;  // 步进值循环递增
}
```

位运算操作& 0xFF确保了步进值在0～255范围内循环，避免了数值溢出问题。这种处理方式既高效又可靠。

彩虹旋转效果在彩虹循环的基础上增加了空间位置的计算，每个LED的颜色不仅随时间变化，还根据其在灯带中的相对位置进行调整。具体代码如下。

```
void updateRainbowCycle( ) {
  for (uint16_t i = 0; i < strip.numPixels( ); i++) {
    strip.setPixelColor(i, Wheel(((i * 256 / strip.numPixels( )) + rotationPosition) & 255));
  }
  rotationPosition = (rotationPosition + 1) % 256;
}
```

位置计算公式i * 256 / strip.numPixels( )可将LED的物理位置映射到色相空间，创造出旋转的视觉效果。模运算确保了旋转位置的循环性。

步骤8：系统监控与诊断功能。

系统监控模块提供了全面的运行状态信息，包括内存使用情况、网络连接状态和工作模式等。这些信息对于系统维护和故障诊断具有重要价值。具体代码如下。

```
void printStatusReport( ) {
  Serial.print("运行时长: ");
  Serial.print(millis( ) / 1000);     // 系统运行时间 (秒)
  Serial.println(" 秒");

  Serial.print("Wi-Fi信号强度: ");
  Serial.print(Wi-Fi.RSSI( ));          // Wi-Fi信号强度 (dBm)
  Serial.println(" dBm");
}
```

对于运行时长统计，通过millis( )函数获取系统启动后的毫秒数，并转换为秒数展示。Wi-Fi信号强度监测可帮助用户判断网络连接质量，为网络问题诊断提供数据支持。

内存监控功能定期检查可用堆内存，让我们能够及时发现内存泄漏问题。ESP8266的内存资源有限，内存监控对于其长期稳定运行至关重要。具体代码如下。

```
void printMemoryInfo( ) {
  Serial.print("可用堆内存: ");
  Serial.print(ESP.getFreeHeap( ));   // 当前可用内存 (字节)
  Serial.println(" 字节");
}
```

步骤9：看门狗机制与系统可靠性。

看门狗机制是保证系统长期稳定运行的关键技术。系统采用硬件看门狗和软件定时器相结合的双重保护策略，确保在各种异常情况下的可靠性。具体代码如下。

```
void feedWatchdog( ) {
  ESP.wdtFeed( );                       // 喂养软件看门狗
}
```

定时喂狗功能通过Ticker库实现，每秒执行一次喂狗操作。这种定时机制确保了在正常运行时及时重置看门狗，同时在程序异常时能够触发系统重启。具体代码如下。

```
wdtTicker.attach(1.0, feedWatchdog); // 每秒执行一次喂狗
```

在所有可能的长时间操作中都添加了手动喂狗调用，如网络连接、MQTT通信和消息处理等。这种多点喂狗策略提供了全面的保护。

通过这样完整而精密的编程实现，ESP8266灯光控制器程序具备了高可靠性、强实时性和良好的用户体验等特点，为智能照明应用提供了坚实的技术基础。

4.2 智能农业助手：自动灌溉系统

树莓派智能灌溉系统整合微型计算机硬件与传感器技术，可以实现对植物土壤湿度的自动化监测与控制。系统以树莓派为核心，连接土壤湿度传感器与继电器模块，构建闭环控制架构。传感器实时采集数据，当土壤含水量低于预设阈值时，树莓派驱动继电器接通水泵进行灌溉；当湿度正常时，自动切断电源。

硬件配置遵循标准化接口原则，传感器和继电器通过特定信号线与树莓派的针脚连接。供电采用分级策略，适配不同的电压，确保信号稳定并降低能耗。在安全防护方面，强电与弱电压系统物理隔离，配置过流保护装置，提升可靠性。

该系统优势明显，通过设置信号滤波算法对传感器数据进行多重验证，规避误触发，实现智能化处理；采用模块化设计，用户可按需调整阈值或扩展网络。在实际应用中，该系统既适用于桌面级生态养护，也可用于农田灌溉，环境适应性强，扩展潜力大。

4.2.1 自动灌溉系统的关键组件

灌溉系统基于土壤湿度阈值触发电磁阀开关，树莓派接收传感器采集的数据后用模糊控制算法动态调整灌溉时长，避免过度用水。实际部署要考虑水泵（见图4-14）的功率与管网压力，用软启动电路防止电流冲击损坏设备。树莓派是功能强大的微型计算机，被广泛用于物联网与自动化控制领域。接下来将构建的集成土壤湿度传感器与继电器模块的智能灌溉控制系统，其硬件连接与工作逻辑如下。

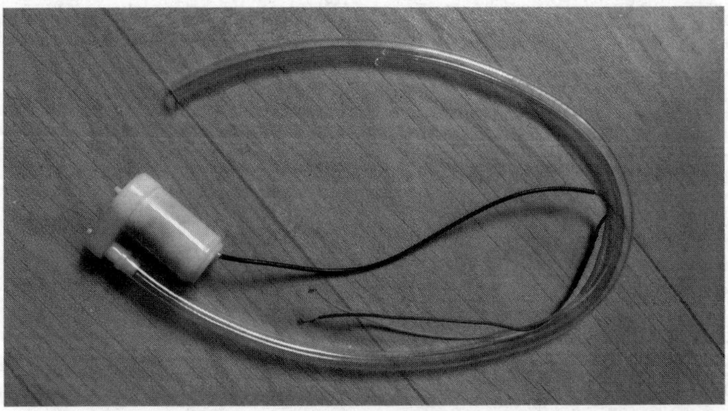

图 4-14　水泵

（1）硬件连接规范

土壤湿度传感器通过3根导线与树莓派物理连接。红色电源线接传感器VCC接口，连接树莓派（物理引脚BOARD编码）接口2号针脚接入5伏特直流供电；黑色地线接传感器GND接口，连接至6号针脚形成回路；黄色信号线接传感器DO接口，连11号（物理引脚BOARD编码）针脚，用于实时采集数字信号输出。

继电器模块采用四线制连接。棕色电源线接模块VCC接口，宽电压输入模块接4号（物理引脚BOARD编码）针脚或3.3伏特供电，需5伏特驱动的接2号（物理引脚BOARD编码）针脚；黑色地线接14号（物理引脚BOARD编码）针脚，完成回路；蓝色控制线接模块IN接口至12号（物理引脚BOARD编码）针脚，输出控制信号。继电器输出端采用NO - COM端子设计，红色线连接水泵正极至继电器NO（常开）端子，橙色线将COM（公共端）接外部电源正极，水泵负极直接接电源负极形成受控回路。

（2）系统工作流程

系统初始化后，树莓派持续监测11号针脚电平。若土壤含水量低于预设阈值，传感器内部比较器触发状态翻转，DO端口输出高电平。树莓派检测到信号，通过12号针脚发出高电平驱动信号，使继电器线圈通电产生磁力，机械触点闭合，导通水泵供电回路，开始灌溉。当土壤湿度恢复正常后，传感器 DO 端输出低电平，树莓派以0.5秒的间隔连续3次检测到低电平（消除偶发干扰）后，终止12号针脚信号输出，继电器线圈失磁，机械触点复位，断开水泵供电回路，系统待机。

（3）关键设计要点

供电匹配是系统稳定的核心。树莓派2号针脚提供5伏特、最大500毫安输出，适用于多数数字传感器。采用电磁式继电器，优先选用5伏特供电型号，防止驱动不足；固态继电器用3.3伏特供电（4号针脚），可降低能耗，减少电磁干扰。

信号采集需设置合理的采样频率，建议采用100毫秒间隔的轮询机制，保证响应速度且避免CPU过载。程序设计应添加信号滤波算法，如连续三次采样结果相同才触发状态变更，规避瞬时干扰导致的误动作。

（4）安全注意事项

强电控制部分需做好物理隔离，建议将220伏特交流电控制回路与树莓派低压系统放置在不同的接线盒内。裸露导体用热缩管或绝缘胶带处理，继电器输出端与水泵间串联5安培保险丝做过流保护。在调试系统时，先以12伏特直流水泵验证功能，逻辑测试完成后，再接入大功率交流设备。该方案通过模块化设计分离硬件层与逻辑层，组件采用标准化接口，便于后期维护升级。在实际部署时，可根据作物需求调整湿度阈值，还能扩展传感器节点，构建分布式监测网络，工程适用性强。

如图4-15所示为树莓派连接示意图，展示了如何将土壤湿度传感器和继电器模块连接到树莓派，以实现对水泵的自动化控制。

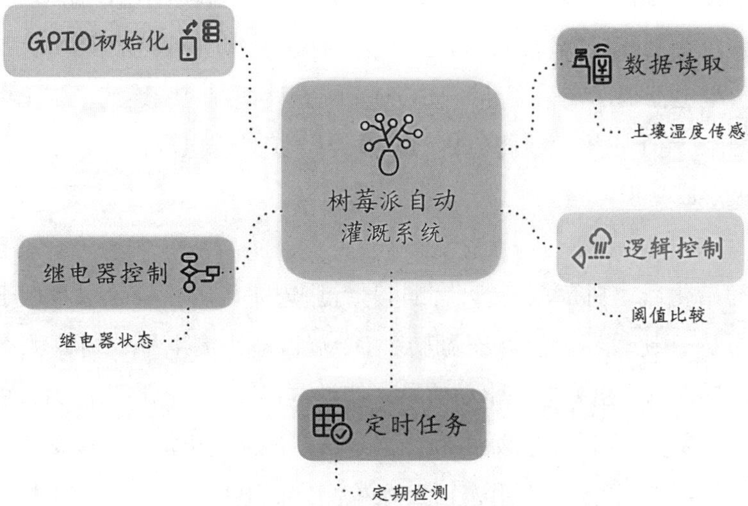

图 4-15　基于树莓派的土壤温湿度自动灌溉系统示意图

① 土壤湿度传感器连接。

• VCC：连接至树莓派的5伏特电源针脚（物理引脚BOARD编码方式针脚号2）。

• GND：连接至树莓派的接地针脚（物理引脚BOARD编码方式针脚号6）。

• DO（数字输出）：连接至树莓派的物理引脚BOARD编码方式针脚号11，用于读取土壤湿度数据。

② 继电器模块连接。

• VCC：连接至树莓派的3.3伏特或5伏特电源针脚（物理引脚BOARD编码方式针脚号4，但建议根据继电器模块规格选择电压）。

• GND：连接至树莓派的接地针脚（物理引脚BOARD编码方式针脚号14）。

• IN（控制输入）：连接至树莓派的物理引脚BOARD编码方式针脚号12，

用于控制继电器的开关状态。

需要注意的是，图中标注的“IN”是一个误标或特定于该继电器模块的标志，通常继电器模块的控制输入会标注为“IN”或类似标志。在此，我们将其解释为控制输入，并对应到物理引脚BOARD编码方式针脚号12。

③ 水泵连接。

• 水泵的正极（通常标记为“+”或“VCC”）通过继电器模块的NO（常开）端子和COM（公共端）连接至电源正极。

• 水泵的负极（通常标记为“–”或“GND”）直接连接至电源负极。

当土壤湿度低于预设阈值时，土壤湿度传感器会向树莓派发送信号。树莓派通过物理引脚BOARD编码方式针脚号12控制继电器模块，使继电器闭合，从而接通水泵电源，实现自动浇水功能。当土壤湿度达到或超过预设阈值时，继电器断开，水泵停止工作。

④ 连接说明。

土壤湿度传感器的VCC连接到5伏特电源，GND连接到地线，DO（数据输出)连接到继电器的IN端。

继电器的VCC引脚连接到电源，GND连接到地线，IN接收来自土壤湿度传感器的信号。

水泵通过继电器的常开（NO）触点控制，当继电器被激活时，水泵开始工作。

所有组件共享同一个电源和地线连接。

4.2.2 自动灌溉系统的代码组成

自动灌溉系统的代码分为数据采集、逻辑处理与设备控制三大模块。数据采集模块负责读取土壤湿度传感器的实时数据，通过GPIO接口与树莓派通信，保障数据准确、及时。该模块利用RPi.GPIO库配置操作GPIO端口，以轮询机制定期读取传感器状态，内置信号滤波算法，比对三次采样结果，结果一致时认定为有效数据，以避免误读。逻辑处理模块是系统的核心，用Python实现，内置模糊控制算法，依据预设阈值和传感器数据智能决策，动态调整灌溉策略，兼顾作物需求与节水，实现精准灌溉。设备控制模块通过GPIO端口输出信号，驱动继电器开关水泵电源，实现灌溉自动化。该模块集成了安全保护机制，出现异常时可切断电源，保护硬件，还支持远程手动控制，用户可通过终端远程操作监控，提升灵活性与便捷性。

这是一个基于树莓派的自动灌溉系统，该系统利用土壤湿度传感器检测土壤状态，并通过继电器控制水泵进行自动灌溉。系统采用Python语言编写，使用gpiozero库进行GPIO引脚控制，实现了完整的自动化灌溉功能。

智能灌溉控制系统是现代农业物联网技术的典型应用。系统通过传感器实时监测土壤湿度，依据预设阈值自动启停灌溉设备，实现精准的农业管理。它用Python语言开发，运行于树莓派等嵌入式Linux平台，体现了开源硬件与现代农业技术的结合。

系统架构采用面向对象的设计模式，将硬件控制、传感器读取、数据处理和日志记录等功能进行模块化封装，不仅提升了代码的可维护性与可扩展性，还为后续功能升级奠定基础。此外，系统通过标准的GPIO接口控制硬件设备，具备良好的硬件兼容性与移植性。

系统工作流程如下。

- 定期检测土壤湿度。
- 当检测到土壤干燥时，启动水泵进行灌溉。
- 灌溉达到预设时间后自动停止。
- 等待下一次检测周期。
- 将所有操作记录到日志文件中。

在PyCharm中输入代码（见图4-16），然后单击“运行”按钮。

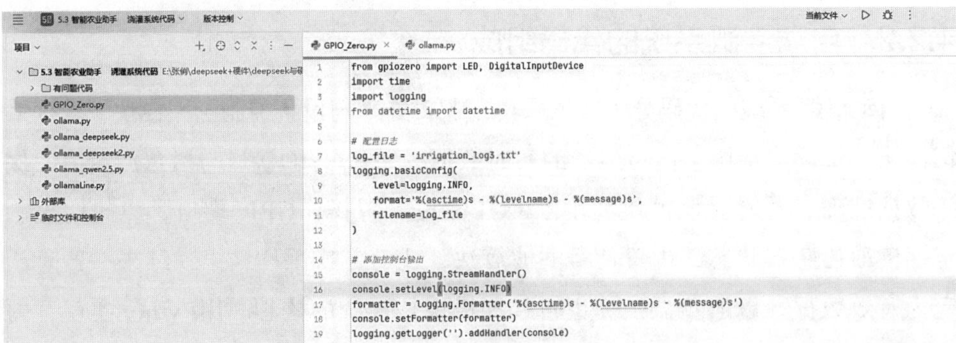

图 4-16　在 PyCharm 中输入代码并运行

具体代码示例如下。

```
from gpiozero import LED, DigitalInputDevice
import time
import logging
from datetime import datetime

# 配置日志
log_file = 'irrigation_log3.txt'
logging.basicConfig(
    level=logging.INFO,
    format='%(asctime)s - %(levelname)s - %(message)s',
    filename=log_file
)

# 添加控制台输出
console = logging.StreamHandler( )
console.setLevel(logging.INFO)
formatter = logging.Formatter('%(asctime)s - %(levelname)s - %(message)s')
console.setFormatter(formatter)
logging.getLogger('').addHandler(console)

class IrrigationController:
    def __init__(self):
        # GPIO 引脚定义
        self.MOISTURE_SENSOR_PIN = 17
        self.RELAY_PIN = 18

        # 使用 GPIO Zero 初始化设备
        try:
            # 继电器控制（假设是低电平触发的继电器，大多数继电器模块是）
                #self.relay = LED(self.RELAY_PIN, active_high=False, initial_
value=False)
            self.relay = LED(self.RELAY_PIN, active_high=True, initial_value=False)
            # 湿度传感器（数字输入）
            self.moisture_sensor = DigitalInputDevice(self.MOISTURE_SENSOR_PIN)

            logging.info("GPIO 引脚设置成功")
            print("GPIO 引脚设置成功")
        except Exception as e:
            logging.error(f"GPIO 设置失败: {str(e)}")
            print(f"GPIO 设置失败: {str(e)}")
            self.relay = None
            self.moisture_sensor = None

        # 控制参数
        self.check_interval = 2      # 检查湿度的间隔（秒） 300
        self.irrigation_duration = 15  # 灌溉持续时间（秒） 30
        self.dry_threshold = 1         # 数字湿度传感器的干燥阈值

        logging.info("灌溉系统初始化完成")
```

```
    def read_moisture(self):
        """读取土壤湿度传感器状态"""
        try:
            if self.moisture_sensor:
                return 1 if self.moisture_sensor.value else 0
            else:
                raise RuntimeError("湿度传感器未初始化")
        except Exception as e:
            logging.error(f"读取湿度传感器失败: {str(e)}")
            return 0  # 默认返回湿润状态

    def is_soil_dry(self):
        """判断土壤是否干燥"""
        try:
            # 读取三次取平均值，提高可靠性
            readings = []
            for _ in range(3):
                readings.append(self.read_moisture( ))
                time.sleep(1)

            avg_reading = sum(readings) / len(readings)
            is_dry = (avg_reading >= 0.5)  # 超过0.5视为干燥

            status = "干燥" if is_dry else "湿润"
            logging.info(f"土壤状态: {status} (传感器读数: {readings})")
            return is_dry
        except Exception as e:
            logging.error(f"判断土壤状态失败: {str(e)}")
            return False

    def start_irrigation(self):
        """开始灌溉"""
        try:
            if self.relay:
                logging.info("开始灌溉")
                self.relay.on( )  # 激活继电器
                print("灌溉已开始")
            else:
                raise RuntimeError("继电器未初始化")
        except Exception as e:
            logging.error(f"启动灌溉失败: {str(e)}")
            print(f"启动灌溉失败: {str(e)}")

    def stop_irrigation(self):
        """停止灌溉"""
        try:
            if self.relay:
                logging.info("停止灌溉")
                self.relay.off( )  # 关闭继电器
                print("灌溉已停止")
```

```
                time.sleep(0.1)
                self.relay.off( )  # 关闭继电器
            else:
                raise RuntimeError("继电器未初始化")
        except Exception as e:
            logging.error(f"停止灌溉失败: {str(e)}")
            print(f"停止灌溉失败: {str(e)}")

    def run(self):
        """运行灌溉控制系统"""
        logging.info("灌溉控制系统启动")
        print("灌溉控制系统启动")

        try:
            while True:
                # 检查土壤湿度
                if self.is_soil_dry( ):
                    self.start_irrigation( )
                    time.sleep(self.irrigation_duration)
                    self.stop_irrigation( )
                else:
                    logging.info("土壤湿润，无须灌溉")
                    print("土壤湿润，无须灌溉")

                # 等待下一次检查
                logging.info(f"等待 {self.check_interval} 秒后再次检查")
                print(f"等待 {self.check_interval} 秒后再次检查")

                # 分段等待
                for _ in range(self.check_interval):
                    time.sleep(1)

        except Keyboardinterrupt:
            logging.info("系统自动停止")
            print("系统自动停止")
            self.stop_irrigation( )
        except Exception as e:
            logging.error(f"系统运行错误: {str(e)}")
            print(f"系统运行错误: {str(e)}")
            self.stop_irrigation( )
        finally:
            if self.relay:
                self.relay.close( )
            if self.moisture_sensor:
                self.moisture_sensor.close( )
            logging.info("GPIO 资源已释放")

# 简单的测试函数
def test_gpiozero( ):
    print("正在测试 GPIO Zero 访问...")
```

```
    try:
        # 初始化设备
        relay = LED(18, active_high=False)  # 大多数继电器模块是低电平触发
        moisture_sensor = DigitalInputDevice(17)

        # 测试继电器
        print("测试继电器控制 - 打开")
        relay.on( )  # 激活继电器
        time.sleep(2)

        print("测试继电器控制 - 关闭")
        relay.off( )  # 关闭继电器

        # 测试湿度传感器
        print("测试湿度传感器读取:")
        for i in range(3):
            reading = moisture_sensor.value
            print(f"  读数 {i+1}: {reading} ({'干燥' if reading else '湿润'})")
            time.sleep(1)

        # 清理资源
        relay.close( )
        moisture_sensor.close( )

        print("GPIO Zero 测试成功!")
        return True
    except Exception as e:
        print(f"GPIO Zero 测试失败: {str(e)}")
        return False

# 主程序
if __name__ == "__main__":
    import sys

    # 查看是否使用测试模式
    if len(sys.argv) > 1 and sys.argv[1] == "--test":
        if test_gpiozero( ):
            print("GPIO 测试成功，系统可以正常运行")
        else:
            print("GPIO 测试失败，请检查系统配置")
    else:
        try:
            # 展示运行信息
            print(f"正在启动灌溉控制系统...")
            print(f"湿度传感器引脚: GPIO 17")
            print(f"继电器控制引脚: GPIO 18")
            print(f"日志文件位置: {log_file}")
            print(f"检查间隔: 300 秒")
            print(f"灌溉持续时间: 30 秒")
            print("按 Ctrl+C 可随时终止程序")
```

```
        # 创建并运行控制器
        controller = IrrigationController( )
        controller.run( )
    except Exception as e:
        print(f"系统启动失败: {str(e)}")
        logging.error(f"系统启动失败: {str(e)}")
```

接下来对代码进行详细解析，揭示其核心要素，以便大家更好地掌握和理解这一内容。

（1）库文件导入与依赖管理

```
from gpiozero import LED, DigitalInputDevice
import time
import logging
from datetime import datetime
```

在上述代码中，程序开头导入的库体现了Python生态系统的丰富性和专业性。gpiozero库是树莓派官方推荐的GPIO控制库，提供了简洁而强大的硬件接口。相比于传统的RPi.GPIO库，gpiozero库采用了更加面向对象的设计，使硬件控制代码更加直观和易于理解。

LED类用于控制继电器模块，虽然名为LED，但实际上可以控制任何需要开关状态的设备。DigitalInputDevice类专门用于读取数字输入信号，适合处理土壤湿度传感器的开关量输出。time模块提供了精确的时间控制功能，logging模块实现了专业级的日志管理系统，datetime模块则用于时间戳的生成和格式化。

（2）日志系统的配置与调试机制

```
log_file = 'irrigation_log3.txt'
logging.basicConfig(
    level=logging.INFO,
    format='%(asctime)s - %(levelname)s - %(message)s',
    filename=log_file
)
```

可以看出日志系统设计符合工业级软件开发标准。程序采用双重日志输出机制，既将日志存于文件以便长期记录分析，又输出到控制台以便实时监控调试。日志包含时间戳、日志级别和消息内容，为系统状态追踪和故障诊断提供完整的信息。添加控制台处理器，方便开发者实时观察系统状态，对调试和现场技术人员的监控有重要价值。将日志级别设为 INFO，可以确保记录重要操作信息，从而避免日志文件因调试信息过于详细而膨胀。

（3）面向对象的编程架构设计

```
class IrrigationController:
    def __init__(self):
        self.MOISTURE_SENSOR_PIN = 17
        self.RELAY_PIN = 18
```

在上述代码中，IrrigationController类的设计体现了面向对象编程的核心思想。类的初始化方法中定义了硬件接口配置，将GPIO引脚号作为类属性进行管理。这种设计使得硬件配置的修改变得简单直观，只需修改类属性即可适配不同的硬件连接方案。

类属性的命名采用了大写字母和下划线的组合，遵循Python编程规范中常量命名的约定。虽然Python中没有真正的常量概念，但这种命名方式明确表达了这些值在程序运行过程中应该保持不变的设计意图。

（4）硬件设备初始化与异常处理

```
try:
    self.relay = LED(self.RELAY_PIN, active_high=True, initial_value=False)
    self.moisture_sensor = DigitalInputDevice(self.MOISTURE_SENSOR_PIN)
    logging.info("GPIO 引脚设置成功")
except Exception as e:
    logging.error(f"GPIO 设置失败: {str(e)}")
    self.relay = None
    self.moisture_sensor = None
```

硬件初始化过程采用了完善的异常处理机制。当GPIO设备初始化失败时，程序不会直接崩溃，而是将设备对象设置为None，并记录详细的错误信息。这种设计确保了程序在硬件故障或配置错误的情况下能够优雅地处理异常，避免了系统崩溃可能带来的数据丢失或设备损坏。

继电器配置中的active_high参数设置体现了其对硬件特性的深入理解。不同型号的继电器模块可能采用高电平触发或低电平触发，通过参数配置可以适配不同的硬件特性。initial_value参数确保了继电器在初始化时处于关闭状态，避免了系统启动时的意外干扰。

（5）传感器数据采集与处理算法

```
def read_moisture(self):
    try:
        if self.moisture_sensor:
            return 1 if self.moisture_sensor.value else 0
        else:
            raise RuntimeError("湿度传感器未初始化")
    except Exception as e:
```

```
        logging.error(f"读取湿度传感器失败: {str(e)}")
        return 0
```

传感器读取函数的设计体现了防御性编程的核心理念。函数首先检查传感器对象是否成功初始化，然后才进行数据读取操作。返回值的标准化处理将传感器的布尔值转换为整数形式，便于后续的数值计算和阈值比较。

异常处理中的默认返回值设计具有重要的安全意义。当传感器读取数据失败时，函数返回0表示湿润状态，这种设计倾向于保守策略，避免了传感器故障可能导致的过度灌溉问题。这种失效安全的设计理念在自动化控制系统中具有重要价值。

（6）多次采样与数据平滑处理

```
def is_soil_dry(self):
    readings = []
    for _ in range(3):
        readings.append(self.read_moisture( ))
        time.sleep(1)

    avg_reading = sum(readings) / len(readings)
    is_dry = (avg_reading >= 0.5)
```

在上述代码中，土壤状态判断函数采用了多次采样取平均的数据处理策略。这种设计有效地减少了环境干扰和传感器噪声对判断结果的影响，提高了系统决策的可靠性。三次采样的设计在准确性和响应速度之间找到了平衡点，既保证了数据的可靠性，又避免了过长的采样时间。

将阈值设置为0.5体现了数字信号处理中的经典做法。当平均值超过0.5时判断为干燥，这种设计能够有效处理传感器输出的不确定性，避免临界状态下的频繁切换。详细日志记录为系统调试和优化提供了重要的数据支持。

（7）继电器控制与设备安全

```
def start_irrigation(self):
    try:
        if self.relay:
            logging.info("开始灌溉")
            self.relay.on( )
            print("灌溉已开始")
        else:
            raise RuntimeError("继电器未初始化")
    except Exception as e:
        logging.error(f"启动灌溉失败: {str(e)}")
```

继电器控制程序的设计充分考虑了设备安全和操作的可靠性。函数执行控制操作前首先验证继电器对象的有效性，避免了空指针异常可能导致的程序崩溃。双重输出机制既记录了日志信息又提供实时反馈，满足了不同场景下的信息需求。

停止灌溉函数中的双重关闭操作体现了系统对硬件可靠性的深度考虑。部分继电器模块可能存在信号不稳定的问题，通过短暂延时后的二次关闭操作，可以确保继电器能够可靠地切断电路，防止灌溉设备意外持续运行。

（8）主控制循环与状态机设计

```
def run(self):
    try:
        while True:
            if self.is_soil_dry( ):
                self.start_irrigation( )
                time.sleep(self.irrigation_duration)
                self.stop_irrigation( )
            else:
                logging.info("土壤湿润，无须灌溉")

            for _ in range(self.check_interval):
                time.sleep(1)
    except Keyboardinterrupt:
        self.stop_irrigation( )
```

主控制循环采用了状态机的设计模式，通过土壤湿度决定系统的执行行为。循环结构确保了系统的持续监控能力，定时检查机制保证了系统对环境变化的及时响应。灌溉持续时间的控制通过简单的延时实现，这种设计虽然会阻塞其他操作，但在单一功能的灌溉系统中具有足够的适用性。

异常处理覆盖了用户中断和系统错误两种主要情况。专门处理Keyboardinterrupt异常使得用户能够通过“Ctrl+C”组合键优雅地停止程序运行。finally块中的资源清理确保了GPIO资源的正确释放，避免了程序终止后可能出现的资源占用问题。

（9）系统测试与调试功能

```
def test_gpiozero( ):
    try:
        relay = LED(18, active_high=False)
        moisture_sensor = DigitalInputDevice(17)

        print("测试继电器控制 - 打开")
        relay.on( )
        time.sleep(2)

        print("测试继电器控制 - 关闭")
```

```
        relay.off( )
    except Exception as e:
        print(f"GPIO Zero 测试失败: {str(e)}")
        return False
```

在上述代码中，测试函数设计体现了软件工程中测试驱动开发的理念。独立的测试函数能够在不启动完整系统的情况下验证硬件连接和基本功能，大大提高了调试效率。测试过程包含继电器的开关控制和传感器的数据读取，覆盖系统的核心功能模块。

测试结果的布尔返回值使得测试函数能够被集成到自动化测试流程中。详细的测试步骤输出为手动验证提供了清晰的指导，同时也便于识别具体的故障环节。资源清理操作确保测试过程不会影响后续的正常使用。

（10）命令行参数处理与程序入口

```
if __name__ == "__main__":
    if len(sys.argv) > 1 and sys.argv[1] == "--test":
        if test_gpiozero( ):
            print("GPIO 测试成功，系统可以正常运行")
        else:
            print("GPIO 测试失败，请检查系统配置")
    else:
        controller = IrrigationController( )
        controller.run( )
```

由上述代码可以看出程序入口设计采用了命令行参数解析的方式，支持在测试模式和正常运行模式之间切换。这种设计使得同一个程序文件能够满足开发调试和生产运行的不同需求，简化了系统部署和维护的复杂性。

详细的系统信息输出为用户提供了重要的配置确认信息。GPIO引脚分配、时间参数设置和文件路径等信息的展示有助于用户验证系统配置的正确性，减少了因配置错误导致的运行问题。

整个智能灌溉控制系统的设计体现了现代嵌入式软件开发的技术特点和最佳实践。从硬件抽象到异常处理，从数据采集到控制逻辑，每个环节都充分考虑了可靠性、可维护性和可扩展性的要求。这种系统级的设计思路为农业物联网应用开发提供了宝贵的技术参考，展现了Python语言在嵌入式系统开发中的强大能力和广阔前景。技术亮点与实现细节如下。

• 错误处理机制：代码中广泛使用了异常处理机制，确保在各种故障情况下系统都能可靠运行，并提供有用的诊断信息。

• 多次采样取平均：为了提高土壤湿度监测的可靠性，系统采用了多次读取平均值的方法，减少单次读取可能带来的误差。

• 资源安全释放：通过finally块确保在任何情况下都能释放GPIO资源，避免资源泄漏。

• 双重日志记录：同时将操作记录到文件和控制台，便于运行监控和问题排查。

• 分段等待策略：通过循环实现分段等待，提高了系统对中断的响应速度。

• 测试模式设计：独立的硬件测试功能，便于系统调试和安装验证。

通过这个自动灌溉系统，可以实现植物浇水的自动化，节约水资源并提高植物生长环境的稳定性。整个系统设计简洁明了，代码结构清晰，异常处理完善，是一个实用性强的树莓派物联网应用示例。

4.2.3 自动灌溉系统的大模型部署

自动灌溉系统代表了现代农业人工智能应用的典型实现。该系统通过集成本地大语言模型，结合环境数据分析，实现了植物养护的智能化决策。整个系统采用模块化设计，将API调用、数据预处理、响应解析和异常处理等功能分离，形成了一条完整的智能决策流水线。

系统的核心理念是将复杂的植物学知识和环境因素分析转化为简单的二元决策输出。通过精心设计的提示词工程和多层次的响应处理机制，系统能够在保证决策准确性的同时，确保输出格式的一致性和可靠性。

该代码实现了一个基于大语言模型的植物浇水决策系统，通过本地部署的Ollama服务调用轻量级模型，分析输入的环境参数（如气温、土壤湿度、植物类型等），快速给出是否需要浇水的二元决策。系统采用了多层过滤和规则处理机制，确保输出结果精确且稳定，特别适合集成到智能园艺或农业自动化系统中。

系统设计的关键点在于将复杂的浇水决策简化为清晰的二元结果（“是”或“否”），同时在本地环境高效运行。为达到这一目标，代码采用了以下策略。

• 使用轻量级模型（DeepSeek-r1:1.5b）降低资源需求。

• 设计明确的系统提示引导模型专注于精确决策。

• 添加预处理机制直接处理极端情况，无须调用模型。

• 实现后处理逻辑，强制规范化输出结果。

在PyCharm中输入代码（见图4-17），并单击“运行”按钮。

图 4-17　在 PyCharm 中输入代码并运行

具体代码如下。

```
import requests
import re

def ask_ollama(prompt,
               model="DeepSeek-r1:1.5b",
               temperature=0.1,
               max_tokens=50):
    """
    优化版Ollama接口调用函数
    """
    url = "http://localhost:11434/api/chat"
    headers = {"Content-Type": "application/json"}

    # 增加了极端温度的判断指导
    system_message = """你是一个只会回答"是"或"否"的植物浇水决策助手。

你必须严格遵循以下规则:
1. 你的整个回复必须且只能是一个字: "是"或"否"
2. 禁止包含任何解释、理由或分析
3. 禁止输出任何标点符号、空格或其他字符
4. 禁止使用任何其他词语

浇水决策关键规则:
- 当气温低于0℃时，绝对不要浇水，必须回答"否"
- 当气温在0℃～5℃时，除非土壤极度干燥且植物特别需水，否则回答"否"
- 土壤湿度是最主要考虑因素，但必须结合温度判断
- 沙土比其他土壤更容易干燥，但在低温下仍然不宜浇水

分析用户提供的环境信息后，只返回判断结果:
- 如果需要浇水，只回复"是"
- 如果不需要浇水，只回复"否"
"""

    # 检查是否有极端温度条件，如果有，直接预处理结果
    if needs_preprocessing(prompt):
```

```
        return preprocess_extreme_conditions(prompt)

    user_prompt = f"{prompt}\n只回复一个字：是 或 否"

    payload = {
        "model": model,
        "messages": [
            {"role": "system", "content": system_message},
            {"role": "user", "content": user_prompt}
        ],
        "options": {
            "temperature": temperature,
            "max_tokens": max_tokens,
            "repeat_penalty": 1.2,
            "top_p": 0.5
        },
        "stream": False
    }

    try:
        response = requests.post(url, headers=headers, json=payload, timeout=30)
        response.raise_for_status( )
        raw_content = response.json( )["message"]["content"]
        return force_yes_no_response(raw_content)
    except requests.exceptions.RequestException as e:
        return f"API请求错误：{str(e)}"
    except KeyError:
        return "响应解析失败，请检查API版本"

def needs_preprocessing(prompt):
    """检查是否有需要预处理的极端条件"""
    # 检查是否有低温情况
    temp_match = re.search(r'气温是：(-?\d+)℃到(-?\d+)℃', prompt)
    if temp_match:
        low_temp = int(temp_match.group(1))
        high_temp = int(temp_match.group(2))
        # 如果最高温度低于0℃，属于极端低温
        if high_temp <= 0:
            return True
    return False

def preprocess_extreme_conditions(prompt):
    """处理极端条件，直接返回预定义答案"""
    # 对于低温情况，直接回答不需要浇水
    temp_match = re.search(r'气温是：(-?\d+)℃到(-?\d+)℃', prompt)
    if temp_match:
        low_temp = int(temp_match.group(1))
        high_temp = int(temp_match.group(2))
        if high_temp <= 0:
            return "否"
    return None  # 如果没有极端条件，返回None继续正常处理
```

```
def force_yes_no_response(text):
    """强制只返回"是"或"否"的处理函数"""
    # 先清理文本
    text = clean_response(text)

    # 直接检查是否包含确切的"是"或"否"
    if "是" in text and "否" not in text:
        return "是"
    elif "否" in text and "是" not in text:
        return "否"

    # 如果同时包含或都不包含，进行更复杂的分析
    negative_terms = ["不需要", "不建议", "不必", "不适合", "不宜", "无须", "没必要", "
不要"]
    for term in negative_terms:
        if term in text:
            return "否"

    positive_terms = ["需要", "应该", "建议", "必须", "适合", "适宜"]
    for term in positive_terms:
        if term in text:
            return "是"

    # 默认返回"否"（安全起见）
    return "否"

def clean_response(text):
    """响应清洗函数"""
    text = re.sub(r'<\/?[\w\s]+>', '', text)
    text = re.sub(r'\s+', ' ', text).strip( )
    return text

if __name__ == "__main__":
    #question = "天气：晴天，今天气温是：-21℃到0℃，土壤是：沙土，土壤湿度：干燥，现在时
间：2025-04-12 11:50，地区：沈阳，植物：仙鹤来"
    question = "天气：晴天，今天气温是：15℃到20℃，土壤是：沙土，土壤湿度：干燥，现在时
间：2025-04-12 11:50，地区：沈阳，植物：仙鹤来"
    answer = ask_ollama(question)
    print(f"[输出] {answer}")
```

接下来将对代码进行详细解析，揭示其核心要素，以便大家能够更好地掌握和理解这一内容。

（1）主函数 ask_ollama

```
def ask_ollama(prompt,
               model="DeepSeek-r1:1.5b",
               temperature=0.1,
               max_tokens=50):
    """
```

```
    优化版Ollama接口调用函数
    """
    url = "http://localhost:11434/api/chat"
    headers = {"Content-Type": "application/json"}

    # 增加了极端温度的判断指导
    system_message = """你是一个只会回答"是"或"否"的植物浇水决策助手。

你必须严格遵循以下规则:
1. 你的整个回复必须且只能是一个字: "是"或"否"
2. 禁止包含任何解释、理由或分析
3. 禁止输出任何标点符号、空格或其他字符
4. 禁止使用任何其他词语

浇水决策关键规则:
- 当气温低于0℃时，绝对不要浇水，必须回答"否"
- 当气温在0℃～5℃时，除非土壤极度干燥且植物特别需水，否则回答"否"
- 土壤湿度是最主要考虑因素，但必须结合温度判断
- 沙土比其他土壤更容易干燥，但在低温下仍然不宜浇水

分析用户提供的环境信息后，只返回判断结果:
- 如果需要浇水，只回复"是"
- 如果不需要浇水，只回复"否"
"""

    # 检查是否有极端温度条件，如果有，直接预处理结果
    if needs_preprocessing(prompt):
        return preprocess_extreme_conditions(prompt)

    user_prompt = f"{prompt}\n只回复一个字: 是 或 否"

    payload = {
        "model": model,
        "messages": [
            {"role": "system", "content": system_message},
            {"role": "user", "content": user_prompt}
        ],
        "options": {
            "temperature": temperature,
            "max_tokens": max_tokens,
            "repeat_penalty": 1.2,
            "top_p": 0.5
        },
        "stream": False
    }

    try:
        response = requests.post(url, headers=headers, json=payload, timeout=30)
        response.raise_for_status( )
        raw_content = response.json( )["message"]["content"]
```

```
        return force_yes_no_response(raw_content)
    except requests.exceptions.RequestException as e:
        return f"API请求错误: {str(e)}"
    except KeyError:
        return "响应解析失败，请检查API版本"
```

以上函数是整个系统的核心，负责与本地Ollama服务通信并处理结果。以下为几个关键设计点。

- 明确详尽的系统提示：系统消息（system_message）精确定义了决策助手的角色和规则，特别强调了极端温度条件下的处理原则。
- 低温参数：将temperature设为0.1，减少随机性，提高输出的一致性。
- 预处理检查：在调用API前，先通过needs_preprocessing函数检查是否有极端条件可以直接处理。
- 模型参数优化：设置了较低的max_tokens（50），以及适当的repeat_penalty和top_p值，确保回答简洁且符合预期。
- 异常处理：捕获可能的API请求异常和响应解析错误，确保系统的稳定性。

（2）预处理极端条件

```
def needs_preprocessing(prompt):
    """检查是否有需要预处理的极端条件"""
    # 检查是否有低温情况
    temp_match = re.search(r'气温是: (-?\d+)℃到(-?\d+)℃', prompt)
    if temp_match:
        low_temp = int(temp_match.group(1))
        high_temp = int(temp_match.group(2))
        # 如果最高温度低于0℃，属于极端低温
        if high_temp <= 0:
            return True
    return False

def preprocess_extreme_conditions(prompt):
    """处理极端条件，直接返回预定义答案"""
    # 对于低温情况，直接回答不需要浇水
    temp_match = re.search(r'气温是: (-?\d+)℃到(-?\d+)℃', prompt)
    if temp_match:
        low_temp = int(temp_match.group(1))
        high_temp = int(temp_match.group(2))
        if high_temp <= 0:
            return "否"
    return None  # 如果没有极端条件，返回None继续正常处理
```

以上两个函数实现了对输入的预处理逻辑。

needs_preprocessing利用正则表达式解析输入中的温度信息，判断是否需要

特殊处理。

preprocess_extreme_conditions针对极端温度条件直接给出答案，比如气温低于0℃时，无须调用模型就能确定不应该浇水。

这种预处理机制不仅提高了系统效率，也保证了在关键安全条件下的决策准确性。

（3）响应处理与规范化

```
def force_yes_no_response(text):
    """强制只返回"是"或"否"的处理函数"""
    # 先清理文本
    text = clean_response(text)

    # 直接检查是否包含确切的"是"或"否"
    if "是" in text and "否" not in text:
        return "是"
    elif "否" in text and "是" not in text:
        return "否"

    # 如果同时包含或都不包含，进行更复杂的分析
    negative_terms = ["不需要", "不建议", "不必", "不适合", "不宜", "无须", "没必要", "
不要"]
    for term in negative_terms:
        if term in text:
            return "否"

    positive_terms = ["需要", "应该", "建议", "必须", "适合", "适宜"]
    for term in positive_terms:
        if term in text:
            return "是"

    # 默认返回"否"（安全起见）
    return "否"

def clean_response(text):
    """响应清洗函数"""
    text = re.sub(r'<\/?[\w\s]+>', '', text)
    text = re.sub(r'\s+', ' ', text).strip( )
    return text
```

上述两个函数负责对模型输出进行后处理。clean_response函数的作用是清理文本中可能存在的HTML标签和多余空白字符，使文本格式标准化。force_yes_no_response函数采用多层次的判断策略。

首先检查输出中是否直接包含“是”或“否”这样的明确表述。如果无法直接判断，则通过预设的正面和负面词汇列表对内容进行语义分析，当所有判断方法都无法得出明确结论时，系统会默认返回“否”作为保守策略，这样可以避免

因错误浇水而造成的潜在风险。

通过这套后处理机制，即使模型的原始输出不够理想或格式不规范，系统最终仍能向用户提供清晰明确的二元判断结果。

```
if __name__ == "__main__":
    #question = "天气：晴天，今天气温是：-21℃到0℃，土壤是：沙土，土壤湿度：干燥，现在时间：2025-04-12 11:50，地区：沈阳，植物：仙鹤来"
    question = "天气：晴天，今天气温是：15℃到20℃，土壤是：沙土，土壤湿度：干燥，现在时间：2025-04-12 11:50，地区：沈阳，植物：仙鹤来"
    answer = ask_ollama(question)
    print(f"[输出] {answer}")
```

上述代码是植物浇水决策系统的测试入口，采用Python标准的主程序写法。代码设置了两个测试场景，均以沈阳地区的仙客来为例，在晴天、沙土、土壤干燥的条件下，分别测试极寒（-21℃～0℃）和适温（15℃～20℃）两种温度环境。

通过注释切换不同场景，系统调用ask_ollama函数进行判断并输出浇水建议。这种对比测试设计验证了系统能否正确识别温度对浇水决策的影响，确保在极端条件下避免错误建议，在适宜条件下给出合理指导。

（4）HTTP请求与API交互设计

```
import requests
import re

def ask_ollama(prompt,
               model="DeepSeek-r1:1.5b",
               temperature=0.1,
               max_tokens=50):
```

以上函数设计采用了灵活的参数配置机制，允许调用者根据具体需求调整模型参数。model参数指定了使用的大语言模型版本，DeepSeek-r1:1.5b是一个轻量级但功能强大的推理模型，特别适合决策类任务。将temperature参数设置为0.1后，这个较低的值确保了模型输出的确定性和一致性，减少了随机性对决策结果的影响。

将max_tokens参数限制为50，这个设置体现了对输出内容的精确控制。由于系统只需输出“是”或“否”两种结果，较小的token值限制不仅提高了响应速度，还降低了模型产生冗余内容的可能性。这种参数优化策略在生产环境中具有重要的性能意义。

（5）提示词工程与模型行为控制

```
system_message = """你是一个只会回答"是"或"否"的植物浇水决策助手。
你必须严格遵循以下规则:
```

```
1. 你的整个回复必须且只能是一个字: "是"或"否"
2. 禁止包含任何解释、理由或分析
3. 禁止输出任何标点符号、空格或其他字符
4. 禁止使用任何其他词语
```

以上系统提示词的设计体现了提示词工程的核心技巧。通过明确的角色定义和严格的输出约束，系统最大限度地控制了模型的行为模式。多层次的规则设定从输出长度、内容类型、格式规范等多个维度约束模型行为，确保输出结果标准化。

专业知识的嵌入是通过具体的决策规则实现的。系统将农业专业知识转化为可执行的判断条件，特别是对极端温度条件的特殊处理规则，体现了专业农业知识在AI系统中的有效应用。这种知识工程使得通用的语言模型能够在特定领域发挥专业作用。

（6）预处理机制与异常情况处理

```
def needs_preprocessing(prompt):
    """检查是否有需要预处理的极端条件"""
    temp_match = re.search(r'气温是: (-?\d+)℃到(-?\d+)℃', prompt)
    if temp_match:
        low_temp = int(temp_match.group(1))
        high_temp = int(temp_match.group(2))
        if high_temp <= 0:
            return True
    return False
```

以上预处理机制的设计体现了规则驱动与AI驱动相结合的混合架构。系统通过正则表达式精确解析输入文本中的温度信息，并对极端低温情况进行特殊处理。这种设计避免了将明确的物理约束交给AI模型处理可能带来的不确定性，确保了在特定条件下决策的绝对可靠性。

正则表达式的设计考虑了负温度的情况，通过(-?\d+)模式匹配带符号的数字。温度范围的解析采用低温和高温分别提取的方法，为后续的条件判断提供了精确的数据基础。这种文本解析技术在处理结构化自然语言输入时具有重要价值。

（7）请求配置与网络通信优化

```
payload = {
    "model": model,
    "messages": [
        {"role": "system", "content": system_message},
        {"role": "user", "content": user_prompt}
```

```
    ],
    "options": {
        "temperature": temperature,
        "max_tokens": max_tokens,
        "repeat_penalty": 1.2,
        "top_p": 0.5
    },
    "stream": False
}
```

以上请求负载的构建遵循了Ollama API的标准格式。消息数组的设计采用了Chat API的对话格式，将系统提示词和用户输入分别封装为不同角色的消息。这种格式能够更好地利用模型的对话理解能力，提高响应的准确性和相关性。

参数优化配置体现了对模型输出质量的精细控制。将repeat_penalty参数设置为1.2，可以有效防止模型生成重复的内容。将top_p参数设置为0.5，通过核采样技术平衡输出的多样性和确定性。将stream参数设置为False，可以确保获得完整的响应内容，而非流式输出。

（8）异常处理与错误恢复机制

```
try:
    response = requests.post(url, headers=headers, json=payload, timeout=30)
    response.raise_for_status( )
    raw_content = response.json( )["message"]["content"]
    return force_yes_no_response(raw_content)
except requests.exceptions.RequestException as e:
    return f"API请求错误：{str(e)}"
except KeyError:
    return "响应解析失败，请检查API版本"
```

以上异常处理机制采用分层的错误识别和处理策略。requests.exceptions.RequestException涵盖了网络连接、超时、HTTP错误等各种网络相关异常。KeyError异常针对API响应格式变化的情况，提供了明确的故障诊断信息。

将超时设置为30秒体现了对响应时间的合理期望。这个值既能容忍正常的模型推理延迟，又能避免过长的等待时间。调用raise_for_status( )方法确保了HTTP错误状态码能够被正确识别和处理，提高了错误诊断的准确性。

（9）响应解析与格式标准化

```
def force_yes_no_response(text):
    """强制只返回"是"或"否"的处理函数"""
    text = clean_response(text)

    if "是" in text and "否" not in text:
```

```
        return "是"
    elif "否" in text and "是" not in text:
        return "否"

    negative_terms = ["不需要", "不建议", "不必", "不适合", "不宜", "无须", "没必要", "
不要"]
    positive_terms = ["需要", "应该", "建议", "必须", "适合", "适宜"]
```

以上响应解析函数实现了多层次的内容识别机制。首要策略是直接查找标准答案“是”和“否”，这种方法能够处理模型严格遵循指令的理想情况。当标准答案不明确时，系统会启用语义分析机制，通过关键词匹配识别回答的倾向性。

关键词列表的设计体现了中文语言处理的复杂性。否定性词语包含各种表示否定意义的词语，而肯定性词语则包括表示建议或需要的常见表达。这种设计能够有效处理模型输出不完全符合指令要求的情况，提高了系统的容错能力。

（10）文本清洗与数据预处理

```
def clean_response(text):
    """响应清洗函数"""
    text = re.sub(r'<\/?[\w\s]+>', '', text)
    text = re.sub(r'\s+', ' ', text).strip( )
    return text
```

以上文本清洗函数采用了两阶段的处理策略。第一阶段使用正则表达式去除可能存在的HTML标签，这种处理能够应对某些模型可能产生的格式化输出。第二阶段进行空白字符的标准化处理，将多个连续的空白字符合并为单个空格，并去除首尾的空白字符。

正则表达式r'</?[\w\s]+>'能够匹配各种HTML标签格式，包括开始标签和结束标签。这种预防性处理确保了后续的文本分析不会受到格式字符的干扰，提高了关键词匹配的准确性。

（11）条件预处理与专家规则集成

```
def preprocess_extreme_conditions(prompt):
    """处理极端条件，直接返回预定义答案"""
    temp_match = re.search(r'气温是：(-?\d+)°C到(-?\d+)°C', prompt)
    if temp_match:
        low_temp = int(temp_match.group(1))
        high_temp = int(temp_match.group(2))
        if high_temp <= 0:
            return "否"
    return None
```

以上极端条件预处理函数体现了专家知识与AI决策的有机结合。当检测到0℃以下的极端低温时，系统直接返回“否”的决策，无须调用AI模型进行分析。这种设计基于植物生理学的基本常识，即低温条件下浇水可能导致根系结冰损伤。

返回值设计的巧妙之处在于None值的使用。当没有检测到极端条件时，函数返回None，指示调用者继续正常的AI处理流程。这种设计模式在条件分支处理中非常常见，既保持了代码的简洁性，又确保了逻辑的清晰性。

（12）主程序执行与测试验证

```
if __name__ == "__main__":
     question = "天气：晴天，今天气温是：15度到20度，土壤是：沙土，土壤湿度：干燥，现在时间：2025-04-12 11:50，地区：沈阳，植物：仙鹤来"
    answer = ask_ollama(question)
    print(f"[输出] {answer}")
```

以上主程序的设计展示了系统的典型使用方式。测试数据的构造包含完整的环境信息：天气状况、温度范围、土壤类型、湿度状态、时间和地理位置，以及植物种类。这种结构化的输入格式为AI模型提供了充分的决策依据。

程序执行部分的简洁性体现了良好的API设计。单一函数调用即可完成复杂的AI决策过程，这封装了内部的多层处理逻辑。输出格式的标准化使得结果能够直接用于后续的自动化控制流程。

整个自动灌溉系统的设计体现了现代AI应用开发的技术特点：模块化架构、健壮的异常处理、精确的提示词工程和多层次的结果验证。这种系统级的设计思路为农业AI应用开发提供了宝贵的技术参考，展现了大语言模型在垂直领域应用中的巨大潜力和实用价值。

主程序提供了两个示例查询，分别代表不同的环境条件：

第一个示例是极端低温情况（-21℃～0℃），预期应直接通过预处理得出“否”；第二个示例是适宜温度范围（15℃～20℃），且土壤干燥，预期得出“是”。

系统特点及优势如下。

• 高效本地处理：利用Ollama本地部署模型，无须依赖云服务，降低延迟和成本。

• 轻量级设计：选用1.5b参数的小型模型，减少资源占用，适合边缘设备上部署。

• 多层决策保障：预处理机制直接解决极端情况；明确的系统提示引导模型做出准确的决策；后处理逻辑确保最终的输出符合预期。

• 安全优先策略：在不确定的情况下默认返回“否”，避免不必要的浇水风险。

• 结构化输入处理：通过正则表达式精确提取关键环境参数，支持标准化的输入格式。

该系统适合集成到以下应用场景中。

• 家庭智能园艺系统。

• 小型农场自动化灌溉设备。

• 植物养护智能助手应用。

技术要点总结如下。

• API接口设计：采用REST API与本地Ollama服务通信，实现低延迟响应。

• 提示工程优化：精心设计的系统提示确保大模型专注于特定任务。

• 异常处理的健壮性：完善的异常捕获机制确保系统在各种情况下仍能正常运行。

• 规则引擎思想：结合预处理和后处理规则，增强大语言模型在特定领域的能力。

• 参数提取技术：使用正则表达式准确地从非结构化文本中提取结构化信息。

该项目展示了如何将大语言模型技术应用于特定领域，通过适当的工程设计将复杂的问题简化为可靠的二元决策系统，为智能农业和园艺提供了实用的技术方案。

（13）大语言模型决策能力与硬件控制的智能灌溉系统

该项目实现了一个结合大语言模型决策能力与硬件控制的智能自动灌溉系统。系统通过树莓派连接的土壤湿度传感器采集数据，并依托本地部署的大语言模型分析并综合环境因素（如气温、土壤类型、植物种类等），最终做出灌溉决策。这种设计将传统的阈值触发灌溉升级为考虑多维度信息的智能决策过程，使灌溉系统更加智能化和精准化。

（14）技术架构设计

整个系统分为以下三个主要部分。

• 传感器数据采集模块。

• 大语言模型推理决策模块。

• 灌溉控制执行模块。

系统通过Python代码将这三个模块有机结合，实现从数据采集、智能分析到执行灌溉的完整闭环。

① 混合智能系统架构设计。

智能农业自动化系统代表了传统硬件控制与现代人工智能技术的深度融合。该系统通过集成本地大语言模型决策引擎、硬件传感器监测和自动化执行控制，构建了一个完整的智能农业解决方案。整个架构采用模块化设计，将AI决策层、传感器数据层和硬件控制层有机结合，形成闭环智能控制系统。

系统的核心创新在于将人工智能决策与实时硬件控制相结合。通过本地部署的大语言模型处理复杂的环境因素分析，结合实时传感器数据进行综合决策，最终通过硬件执行器实现精准的自动化控制。这种设计模式为现代农业物联网的应用提供了新的技术路径。

整个智能农业自动化系统的设计体现了现代嵌入式AI应用的技术特点：多模态数据融合、边缘智能计算、实时控制响应和系统安全保护。这种技术架构为农业物联网和智慧农业应用提供了完整的解决方案模板，展现了AI技术在传统农业领域的巨大应用潜力。

② 代码支持以下两种运行模式。

- 测试模式：通过命令行参数--test启动，用于验证硬件连接。
- 正常运行模式：启动完整的灌溉控制系统。

③ 技术特点分析。

- 硬件层面分析。

传感器可连续多次读取平均值；执行两次继电器关闭操作以确保断开；将资源释放在finally块中以确保执行。

- AI决策层面分析。

极端温度条件预处理直接拒绝灌溉；不确定的情况默认返回“否”，以确保安全优先；多层次结果解析确保决策稳定性。

- 系统层面。

完善的异常处理和日志记录；支持手动中断（Ctrl+C）；测试模式便于系统验证；高可靠性设计思路。

- 系统采用了多项提高可靠性的技术。

分段等待实现，能够避免长时间阻塞；双重条件判断，从传感器和AI决策两方面进行判断；完整的异常捕获和处理；详细的日志记录便于问题排查。

这个智能灌溉系统展示了人工智能技术在传统硬件控制领域的创新应用。通过将大语言模型的决策能力与传感器和硬件控制相结合，系统实现了更加智能化和精准化的灌溉控制。这种融合AI与硬件的方法可以拓展到更多物联网应用场景，为传统控制系统带来全新的智能化升级路径。

通过精心设计的代码结构、完善的错误处理和多层决策机制，该系统不仅功能全面，而且具备较高的鲁棒性和可扩展性，为智能农业和园艺自动化提供了实用的技术方案。

DeepSeek智能产品实战项目篇通过智能家居管家和智能农业助手两个物联网应用案例，展示了人工智能与嵌入式硬件系统的创新融合。项目采用分布式架构，以树莓派为核心，结合ESP32/ESP8266边缘节点构建闭环系统。核心亮点是将DeepSeek大模型智能分析与实时硬件控制结合，本地部署AI服务，综合分析环境数据，精准决策。在智能家居场景中，系统依据环境参数自动调光并提供个性化服务；在智能农业应用中，升级为多因素智能决策，实现精准灌溉与资源优化。

这些实战项目有直接应用价值，提供可复制的技术方案和架构模式，分布式设计支持扩展，标准化接口便于集成新设备，独立的AI决策模块可优化升级。随着边缘计算和AI模型的发展，本地化智能决策方案将在更多领域发挥作用，为传统产业智能化升级提供技术路径。